[德] Hillebrand, Thomas（希勒布兰德·托马斯）
[德] Ignatowitz, Eckhard（伊格纳托维兹·埃克哈德）
[德] Kinz, Ullrich（金兹·乌尔里克）
[德] Vetter, Reinhard（维特尔·莱因哈德）　著

丁宁　熊庆　韩泽荻　林颖彤　译

机械制造工程考试实用教程

学习领域工作页

Prüfungsbuch Metall
Arbeitsblätter zu den Lernfeldern

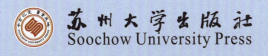

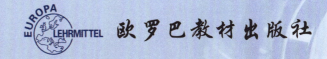

图书在版编目(CIP)数据

机械制造工程考试实用教程:学习领域工作页 /
(德)希勒布兰德·托马斯(Hillebrand,Thomas)等著;
丁宁等译. —苏州:苏州大学出版社,2017.9 (2021.8 重印)
 ISBN 978-7-5672-2196-3

Ⅰ.①机… Ⅱ.①希… ②丁… Ⅲ.①机械制造工艺
—职业教育—教材 Ⅳ.①TH16

中国版本图书馆 CIP 数据核字(2017)第 188319 号

著作权合同登记号　图字 10-2017-339 号

Prüfungsbuch Metall：Arbeitsblätter zu den Lernfeldern
Copyright@ Verlag Europa-Lehrmittel，Nourney，Vollmer GmbH & Co. KG，2015
All right reserved

书　　名：	机械制造工程考试实用教程
	——学习领域工作页
著　　者：	Hillebrand, Thomas　　Ignatowitz, Eckhard
	Kinz, Ullrich　　　　　Vetter, Reinhard
译　　者：	丁　宁　熊　庆　韩泽荻　林颖彤
责任编辑：	周建兰
装帧设计：	吴　钰
出版发行：	苏州大学出版社(Soochow University Press)
社　　址：	苏州市十梓街1号　邮编：215006
印　　刷：	苏州工业园区美柯乐制版印务有限责任公司
网　　址：	www.sudapress.com
邮购热线：	0512-67480030
开　　本：	890 mm×1 240 mm　1/16　印张：12　字数：354 千
版　　次：	2017 年 9 月第 1 版
印　　次：	2021 年 8 月第 2 次印刷
书　　号：	ISBN 978-7-5672-2196-3
定　　价：	88.00 元

凡购本社图书发现印装错误,请与本社联系调换。服务热线:0512-67481020

机械制造工程考试实用教程

——学习领域工作页

Hillebrand, Thomas　　　　　　Ignatowitz, Eckhard
Kinz, Ullrich　　　　　　　　　Vetter, Reinhard

第 29 版第 5 次印刷

欧罗巴教材出版社·诺尔尼,富尔玛股份有限公司及合资公司
杜赛尔博格大街 23 号,42781 哈恩-格鲁腾市

欧洲号:10269

《机械制造工程考试实用教程——学习领域工作页》(*Prüfungsbuch Metall：Arbeitsblätter zu den Lernfeldern*)

作者信息：

作者	职位	地区
Hillebrand, Thomas	研究主任	维佩尔菲尔特
Ignatowitz, Eckhard	工程博士/教育参议	瓦尔德布龙
Kinz, Ullrich	研究主任	大乌姆斯塔特
Vetter, Reinhard	研究主任	奥托博伊伦

专业组审校和领导：

Eckhard Ignatowitz 博士

图片处理：

欧罗巴教材出版社制图室，地址：奥斯特菲尔德尔恩

第 29 版，2015 年出版

第 5 次印刷

本版次的所有印刷均可以互换使用，因为已纠正的印刷错误经过更改后都是相同的。

ISBN 978-3-8085-1260-9

封面设计：Grafische Produktionen Jürgen Neumann, 97222 Rimpar

封面照片：TESA/Brown & Sharpe, CH-Renens und Seco Tools GmbH, Erkrath

公司保留所有版权。本书亦受到版权保护。对本书的任何超出法律规定范围的使用都必须得到出版社的书面授权同意。

（C）2015 欧罗巴教材出版社·诺尔尼，富尔玛股份有限公司及合资公司，42781 哈恩-格鲁腾市

http://www.europa-lehrmittel.de

文本：rkt, 42799 莱希林根，www.rktypo.com

印刷：Konrad Triltsch 印刷和数字媒体，97199 奥克森富特-豪尔斯答特

前　言

为了贯彻落实德国机械制造工程类专业《职业培训条例》和《职业培训框架教学计划》的精神，提高教学质量，实现教学目标，我们根据德国"双元制"的办学特点，翻译了《机械制造工程考试实用教程——学习领域工作页》。本书根据德国学习领域教学内容，开发与之相对应的项目载体。通过各学习领域的项目载体，任课教师或培训师可以按照德国职业培训标准，设计以项目引领、任务驱动，培养职业行为能力为导向的理实一体化教学模式。

本书包括13个学习领域：使用手动操作工具加工工件，使用机床加工工件，简单组件的加工，技术系统的保养，使用机床加工零件，技术系统的安装和调试，技术系统的装配，数控机床的加工，技术系统的维修，技术系统的生产和调试，产品和工序的质量监督，技术系统的维护，自动化系统运行能力的保障。此外，本书还附带结业考试模拟题两套。

本书适用于"学习领域"教学模式，通过对本书的学习，学生可以巩固并加深所学到的专业知识，系统地梳理专业理论及实操知识点。本书是整个教学过程的重要辅助教学材料。

同时，本书还可与《机械制造工程考试实用教程》(*Prüfungsbuch Metall*)配套使用，通过本书完成"学习领域"日常教学，再通过《机械制造工程考试实用教程》对教学成果进行阶段性检测、总结。通过理论与实践相结合的"学习领域"教学模式、德国标准化练习与考核方式，从而系统地培养学生完整的职业能力。

本书内容丰富，知识面广，综合性强，适用于机械、电子、自动化控制类专业的职业教育和在职培训。

参与本书翻译工作的有丁宁、熊庆、韩泽获、林颖彤。本书在翻译校对过程中得到了梁利滨、陈锡财和邓远文等机械专家的悉心指导和大力帮助，在此一一致谢。特别感谢广东恺鹏勒信息科技有限公司作为本书的版权引进单位，为中德职业教育合作做出的巨大贡献。

本书严格按照原书翻译，对书中一些明显错误也做了改正。由于译者水平有限，书中不妥之处在所难免，敬请读者批评指正。

刘海廷 教授

2017年6月

目 录

第一部分　学习领域工作页

学习领域 1：使用手动操作工具加工工件 ……… 1
　　指导项目：钻模板 …………………………… 1
学习领域 2：使用机床加工工件 …………………… 8
　　指导项目 1：钻床 …………………………… 8
　　指导项目 2：紧固件 ………………………… 10
学习领域 3：简单组件的加工 …………………… 16
　　指导项目：钻模 ……………………………… 16
学习领域 4：技术系统的保养 …………………… 23
　　指导项目：带锯床的保养与改善 …………… 23
学习领域 5：使用机床加工零件 ………………… 31
　　指导项目：滚轮轴承 ………………………… 31
学习领域 6：技术系统的安装和调试 …………… 38
　　指导项目：装配工作站的控制 ……………… 38
学习领域 7：技术系统的装配 …………………… 46
　　指导项目：装配锥齿轮传动 ………………… 46
学习领域 8：数控机床的加工 …………………… 53
　　指导项目：锥齿轮轴的轴承 ………………… 53
学习领域 9：技术系统的维修 …………………… 62
　　指导项目：车床中出现故障的定心顶尖
　　…………………………………………………… 62
学习领域 10：技术系统的生产和调试 ………… 69
　　指导项目：手钻变速器 ……………………… 69
学习领域 11：产品和工序的质量监督 ………… 77
　　指导项目：角传动器的车削件 ……………… 77
学习领域 12：技术系统的维护 ………………… 86
　　指导项目：用于工件钻孔的翻转式钻模
　　…………………………………………………… 86
学习领域 13：自动化系统运行能力的保障
　　…………………………………………………… 96
　　指导项目：用于圆盘形毛坯件钻孔的电气
　　动控制设备 …………………………………… 96

第二部分　结业考试模拟题

结业考试第一部分　模拟题 …………………… 105
　　笔试试题 A 部分 …………………………… 105
　　笔试试题 B 部分 …………………………… 117
结业考试第二部分　模拟题 …………………… 123
委托与功能分析 A 部分 …………………………… 123
委托与功能分析 B 部分 …………………………… 131
加工技术 A 部分 …………………………………… 135
加工技术 B 部分 …………………………………… 143

参 考 答 案

第一部分　学习领域工作页
　　学习领域 1：使用手动操作工具加工工件
　　…………………………………………………… 147
　　学习领域 2：使用机床加工工件 …………… 148
　　学习领域 3：简单组件的加工 ……………… 150
　　学习领域 4：技术系统的保养 ……………… 152
　　学习领域 5：使用机床加工零件 …………… 153
　　学习领域 6：技术系统的安装和调试 ……… 155
　　学习领域 7：技术系统的装配 ……………… 157
　　学习领域 8：数控机床的加工 ……………… 159
　　学习领域 9：技术系统的维修 ……………… 161
　　学习领域 10：技术系统的生产和调试
　　…………………………………………………… 164
　　学习领域 11：产品和工序的质量监督
　　…………………………………………………… 166
　　学习领域 12：技术系统的维护 …………… 169
　　学习领域 13：自动化系统运行能力的保障
　　…………………………………………………… 173
第二部分　结业考试模拟题
　　结业考试第一部分　模拟题 ………………… 177
　　　　笔试试题 B 部分 ………………………… 177
　　结业考试第二部分　模拟题 ………………… 179
　　　　委托与功能分析 B 部分 ………………… 179
　　　　加工技术 B 部分 ………………………… 179
选择题参考答案 ………………………………… 181

第一部分　学习领域工作页

学习领域 1：使用手动操作工具加工工件

测试时间：_____　　学员：_____

辅助工具：_____　　日期：_____

指导项目：钻模板

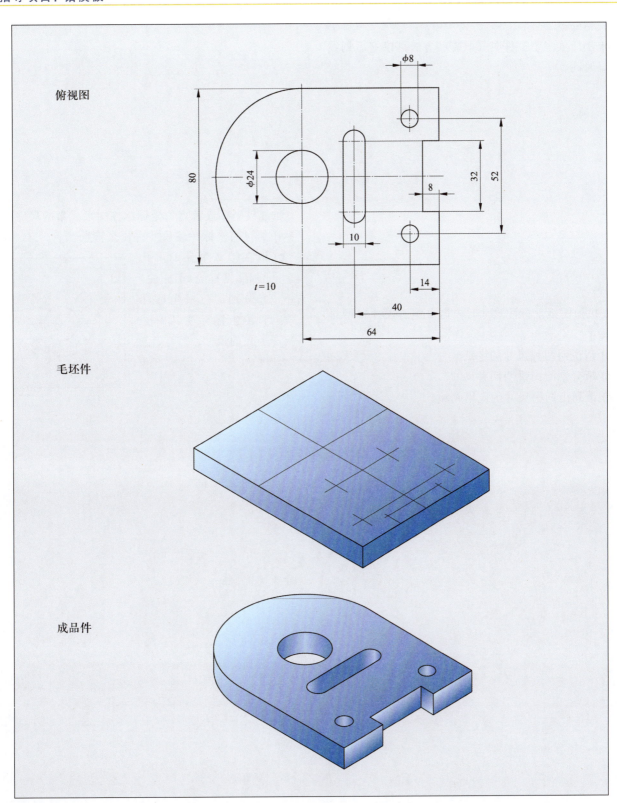

简 答 题

1

加工钻模板（见第 1 页图）之前必须将图示尺寸转移至毛坯件。

a) 请说明划线的过程，并解释测量基准面和测量基准线。

b) 请列出划线时使用的四种工具或辅具及其使用目的。

c) 在加工多个工件时采取哪些方法可以缩短划线时间？

2

在机械图纸上标注尺寸时要区分绝对尺寸和增量尺寸。

a) 请说明两种尺寸的区别。

b) 请分别绘图说明两种尺寸。

c) 请列出两种尺寸的应用领域。

3

通过极坐标或者直角坐标标注图纸元素的尺寸。

a) 通过极坐标标注尺寸有什么特点？

b) 请在带 4 个孔的多孔圆盘（见右图）上标注，并分别通过极坐标和直角坐标标注其中一个孔的尺寸。

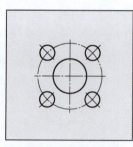

4

划线时有一项子任务,称为打样冲。

a) 请说明打样冲的意义和目的。
b) 为什么使用各种顶角的样冲?
c) 划线时检查样冲眼有什么作用?

5

在企业或工作领域,其设备、机床、仪器以及工具和辅具存在大量安全隐患。在德国,每年都会发生超过一百万次原本能够避免的工作事故。

a) 通过哪些行为方式可以减少或者预防事故发生?
b) 请至少列出四种车间的危险类型,并将其归入相应的实例(如噪音,通过磨床产生)。
c) 请至少列出五种车间的人身防护装置。

6

导致事故发生的原因有多种。请举例说明三种可能的事故原因。

7

车间经常有很多用于说明危险隐患和特定行为要求(图示)的法定安全标志。

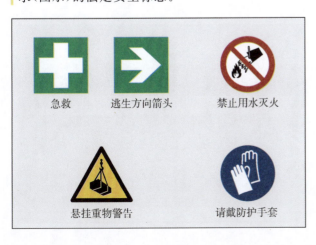

急救　　逃生方向箭头　　禁止用水灭火

悬挂重物警告　　　　请戴防护手套

a) 安全标志分为哪些种类?分别是哪些颜色和形状?
b) 请通过上图分类再各举一例。

8

加工由不同材料制成的工件时需要用到由各种材料制成的划针。

a) 请列出三种划针材料。
b) 如果钻模板由低强度钢制成,建议使用哪种材料的划针?请说明理由。

9

如图所示,该划线测量仪有哪些功能?

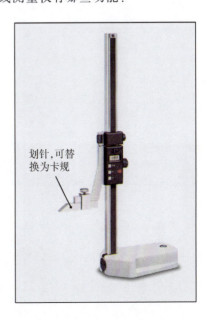

划针,可替换为卡规

10

如图所示，使用车刀完成工件的切削加工。图中情形属于基础切削加工，也会出现在其他的切削加工方法中。

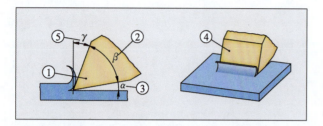

a) 请说明数字①至⑤所代表的角和面。
b) 如果要减少切屑，原则上切削刃必须满足哪两个要求？

12

用锤子敲击凿子时施加的冲击力 $F = 200$ N。所使用的凿子的楔角为 $60°$。

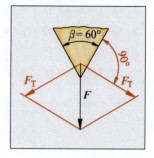

a) 请用合适的比例绘制出力的平行四边形。
b) 请计算分离力 F_T。

11

如图所示为不同几何形状的切削刃。

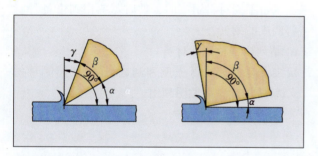

a) 请比较图示角并说明其区别。
b) 请分别说明图示切削方式对于切削刃的影响。
c) 请描述图示切削刃适用于加工哪种材料。

13

上题中敲击凿子时施加的冲击力 F 取决于哪些影响因素？

选 择 题

1

如图所示,数字 2 代表的是什么角?

a) 旋转角
b) 后角
c) 楔角
d) 剪切角
e) 前角

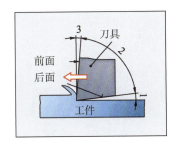

2

如上图所示,下列关于切削楔的说法哪项是正确的?

a) 加工硬材料,角 1 会变大
b) 加工材料越硬,角 2 会越大
c) 加工材料越硬,角 3 会越大
d) 加工材料越软,角 1 和角 3 会越小
e) 角的大小不取决于工件,仅由刀刃材料决定

3

如图所示,锯子的名称叫什么?

a) 开槽锯
b) 狐尾锯
c) 切槽锯
d) 弓锯
e) 分切锯

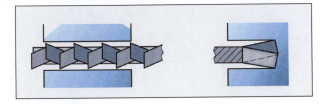

4

下列哪种情况下会引起如图所示的锯条断裂?

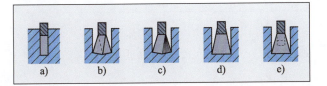

a) 锯条晃动
b) 校正锯齿
c) 锯条磨成凹形
d) 压紧锯条
e) 使用齿弧

5

图中哪个锯条已被校正?

6

如图所示,剪刀的名称叫什么?

a) 台式杠杆剪
b) 平头航空剪
c) 打孔剪
d) 直头手剪
e) 杠杆剪

7

锉削硬材料时,应按照下列哪条规则选择锉刀?

a) 粗锉纹,小锉纹距
b) 细锉纹,大锉纹距
c) 粗锉纹,大锉纹距
d) 细锉纹,小锉纹距
e) 上述选项均不正确

8

如图所示属于哪种锉齿的加工方式?

a) 铣削
b) 锯
c) 拉削
d) 剁
e) 刨

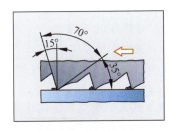

9

如图所示,EN AC-Al Mg5 工件的质量是多少?(ρ=2.6 kg/dm³)

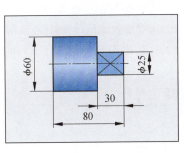

a) 400 g
b) 416 g
c) 500 g
d) 512 g
e) 516 g

10

如图所示,合金钢圆环的质量是多少?(ρ=8.1 kg/dm³)

a) 453 g
b) 552 g
c) 591 g
d) 620 g
e) 904 g

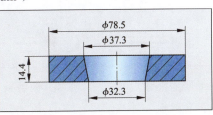

11

图示属于哪种螺纹加工方法?

a) 车螺纹
b) 螺纹滚压
c) 铣短螺纹
d) 板牙套螺纹
e) 攻丝

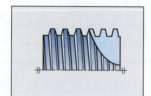

12

图示属于哪种螺纹?

a) 三角螺纹
b) 锯齿螺纹
c) 梯形螺纹
d) 圆螺纹
e) 矩形螺纹

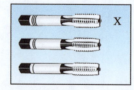

13

三线螺纹的导程与螺距的关系是什么?

a) 等于螺距
b) 是螺距的 1/3
c) 是螺距的 3 倍
d) 是螺距的 6 倍
e) 是螺距的 1/6

14

下列关于螺纹滚压的说法哪项是正确的?

a) 螺纹通过切削加工而成
b) 只适用于内螺纹
c) 轧制螺纹的强度低于切削螺纹
d) 通过螺纹滚压,材料比较致密,材料纤维没有被切断
e) 只适用于延伸率低于2%的材料

15

如图所示,用 X(3 个环或者没有环)标记的丝锥叫什么?

a) 头攻
b) 三攻
c) 二攻
d) 精丝锥
e) 机用丝锥

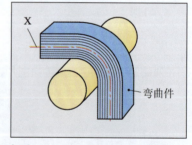

16

如图所示,该工具叫什么?

a) 研磨夹钳
b) 搪磨条支架
c) 套丝板
d) 板牙扳手

e) 可调节螺丝攻扳手

17

如图所示,该方法可以测量哪种螺纹尺寸?

a) 外径
b) 内径
c) 中径
d) 啮合角
e) 螺距

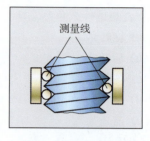

18

如图所示,哪种螺纹断面形状特别适用于单面负荷的运动?

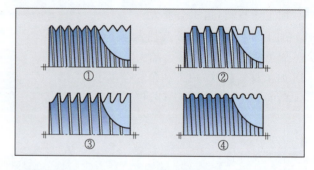

a) 螺纹①
b) 螺纹②
c) 螺纹③
d) 螺纹④
e) 上述所有螺纹

19

如何命名弯曲件上用 X 标记的线?

a) 延伸轴线
b) 中性轴线
c) 锥形线
d) 弯曲线
e) 弯曲半径

20

图示属于哪种加工方法?

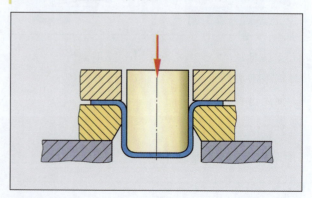

a) 深冲
b) 挤压
c) 模锻
d) 拉延
e) 滑移

21
图示属于哪种加工方法?

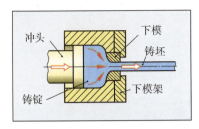

a) 挤压   b) 深冲
c) 热压铸   d) 冲压
e) 拉延

22
扁钢拉杆由 E335(St 60-2)制成,其屈服强度 $R_e=325$ N/mm²,宽 30 mm,需要 30 kN 的拉力。

22.1
安全系数为 1.3 时的允许应力是多少?

a) 100 N/mm²   b) 150 N/mm²
c) 200 N/mm²   d) 250 N/mm²
e) 300 N/mm²

22.2
拉杆的横断面多大?

a) 80 mm²   b) 100 mm²
c) 120 mm²   d) 140 mm²
e) 160 mm²

22.3
扁钢的厚度最少为多少?

a) 3 mm   b) 4 mm
c) 5 mm   d) 6 mm
e) 8 mm

23
如图所示为应力-应变曲线。在哪个点材料开始熔化?

a) 点 1
b) 点 2
c) 点 3
d) 点 4
e) 点 5

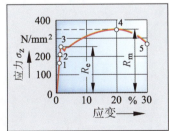

24
应力-应变曲线如上图所示,在哪个点材料会断裂?

a) 点 1   b) 点 2
c) 点 3   d) 点 4
e) 点 5

25
应力-应变曲线如上图所示,对材料施加的最高应力是多少?

a) 20 N/mm²   b) 170 N/mm²
c) 205 N/mm²   d) 250 N/mm²
e) 350 N/mm²

26
切削力 $F=26\,200$ N,表面积 $A=14\times22$ mm²,请计算冲孔凸模上模座的表面压力 p。

26.1
下面哪个公式用于计算表面压力 p?

a) $p=F\cdot A$ b) $p=A/F$
c) $p=F\cdot A/2$ d) $p=F/A$
e) $p=F+A$

26.2
下列计算 p 的结果哪项是正确的?

a) 36 N/mm²   b) 85 N/mm²
c) 92 N/mm²   d) 262 N/mm²
e) 308 N/mm²

27
如图所示,圆环的延伸长度是多少?

a) 57.3 mm
b) 70.8 mm
c) 84.0 mm
d) 103.7 mm
e) 125.2 mm

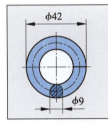

学习领域 2：使用机床加工工件

测试时间：_____ 学员：_____

辅助工具：_____ 日期：_____

指导项目 1：钻床

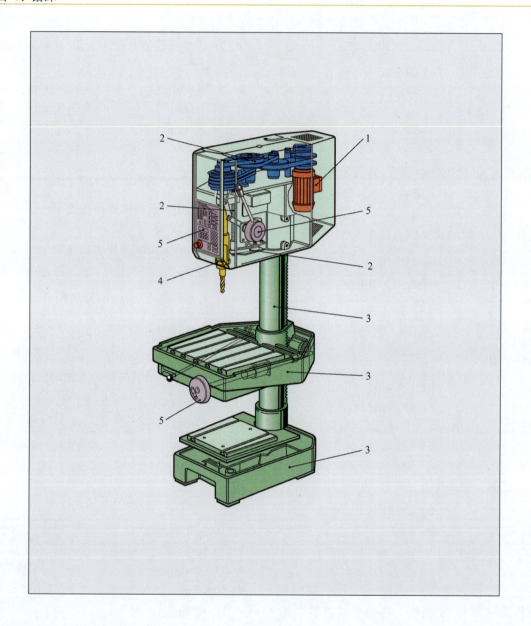

简 答 题

1
机床可以理解为"技术系统",如上页图所示钻床。请用"输入""加工"和"输出"(IPO 数据处理模型)描述机床的功能。

2
如上页图所示,钻床的功能部件和结构零件已编号。请绘制一张表格,在各行中填写部件的序号、功能部件的名称和具体的零件。

3
请列出从主传动到刀具(钻头)与钻床的力传动有关的零部件。

4
对于承重和支撑组件如钻床头有什么要求?采取哪些措施可以满足这些要求?

5
请至少列出机床和加工设备的三个安全装置,并说明其功能。

6
如图所示,使用固定装置和夹具时没有考虑哪些工作准则或者事故预防条例?

7
钻孔过程中,哪些因素可能影响到钻孔结果(质量)?

8
请另外列出三种影响钻孔质量的方法。

9
为了达到最佳工作结果,要求切削刃的材料具有哪些特性?请列出五种。

10
公式 $v_c = \pi \cdot d \cdot n$ 用于计算钻头的切削速度。请转换公式,用于计算转速 n 和直径 d。

11
如果切削过程(钻孔)中选择的切削速度过高,会产生哪些负面影响?

指导项目 2：紧固件

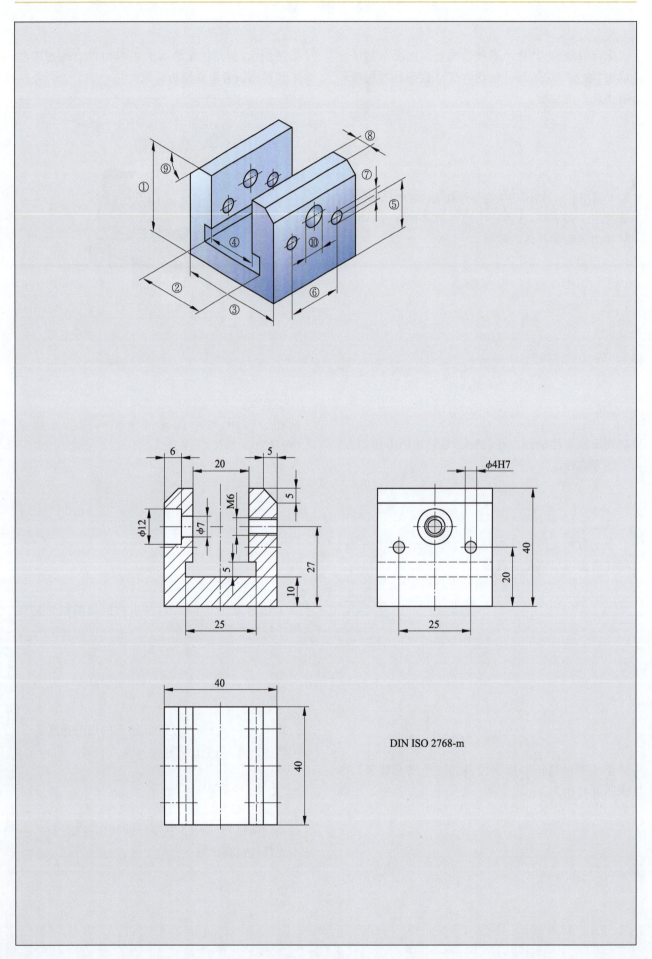

DIN ISO 2768-m

简 答 题

12
如上页图所示，加工紧固件时需要钻孔、锪孔和铰孔。
请描述各个加工方法并分别列出相对应的所使用的典型工具。

13
如上页图所示，加工由材料 S275JR（非合金结构钢）制成的紧固件时，要在位置编号 7 和 10 处钻孔。
a) 请制订钻两个孔 φ4H7 的工作计划，包括必要的工序、工具或辅助工具。
b) 请借助工具书查明钻孔需设置的转速并将其列入工作计划。
c) 位置编号 10 标记的孔能实现什么功能？

14
转速可以通过转速曲线图查明或通过公式计算得出。
请列出上述两种方法的优点。至少一个！

15
加工期间或者结束后要测量或者用量规检测零件。
请简要描述上述两种方法并分别列出两个优点。

16
检测零件时，实际尺寸会出现系统性误差和偶然性误差（检测误差或测量误差）。
a) 请解释系统性测量误差和偶然性测量误差。
b) 请举例说明两种测量误差。至少两个！

17
紧固件的技术图纸上标有 DIN ISO 2768-m。
请借助 DIN ISO 2768-m 解释"普通公差"。

18

请创建紧固件的检测表。

根据模板创建编号 1~10 紧固件的检测表。

检 测 表							
序号	待检测尺寸的名称	标称尺寸	偏差	最小尺寸	最大尺寸	所选检测工具	说明选择理由
1	（工件）高度	40	±0.3	39.7	40.3	游标卡尺	0.1mm 范围的测量是可能的
2	……						

选 择 题

1

切削加工时有各种必要的切削运动。下列哪项说法是正确的？

a) 钻孔时工件完成切削运动
b) 铣削时刀具完成进给运动
c) 车削时刀具完成切削运动
d) 钻孔时刀具完成进给运动
e) 磨削时工件完成进给运动

2

下列关于麻花钻的说法哪项是正确的？

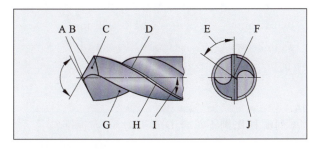

a) E 是顶角
b) G 是排屑槽
c) A 和 B 是副切削刃
d) D 是横刃
e) I 是后角

3

图示刀具的标准名称是什么？

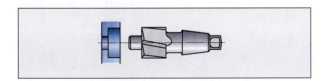

a) 带导柱的平头锪钻
b) 带导柱的端面锪钻
c) 带导向销的平面铣刀
d) 带导向销的扩孔钻
e) 导向锪钻

4

下列图示钻头特别用于钻哪种材料？

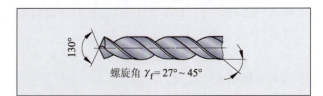

a) 钢和铸铁
b) CuZn42（黄铜）
c) 铝
d) 硬材料
e) 热固性塑料

5

图示刀具的标准名称是什么？

a) 导向锪钻
b) 平头锪钻
c) 套式扩孔钻
d) 浮动铰刀
e) 螺旋铰刀

6

图示中心钻用于哪种车削操作？

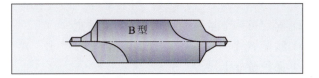

a) 无沉孔的中心孔
b) 带沉孔的中心孔
c) 带倒圆的中心孔（无沉孔）
d) 带倒圆的中心孔（带沉孔）
e) 半径中心孔

7

如图所示，麻花钻磨成长度相同但楔角不同的切削刃，会产生哪些后果？

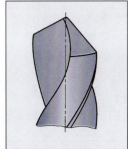

a) 该钻头无法轴向钻孔
b) 钻孔会太大
c) 切削刃会勾住并损坏或者提早变钝
d) 钻头会旋压，因为后角太小
e) 切削刃受损程度比其他的大，因为该切削刃要独立完成整个切削

8

35 s 内铣床的刀架滑板进给 0.24 m。

8.1

下列哪项公式用于计算进给速度？

a) $v=\dfrac{t}{s}$
b) $v=s-t$
c) $v=t \cdot s$
d) $v=\dfrac{s}{t}$
e) $v=s+t$

8.2

刀架滑板的速度是多少?

a) 627 mm/min b) 7 mm/min
c) 411 mm/min d) 84 mm/min
e) 204 mm/min

9

如图所示,用 X 标记的部分有什么用途?

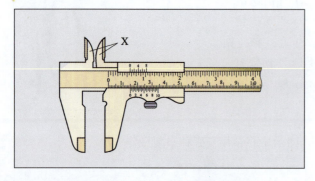

a) 固定可调节量具 b) 测量槽宽
c) 测量螺纹 d) 测量外部尺寸
e) 保护游标卡尺

10

图示工具的名称是什么?

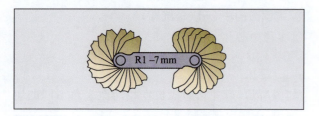

a) 塞尺 b) 螺纹量规
c) 轮廓量规 d) 半径规
e) 螺纹车刀样板

11

图示检测工具的名称是什么?

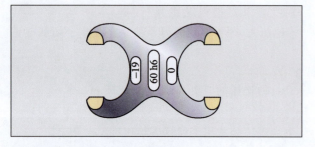

a) 带通端与止端的极限卡规
b) 由两部分组成的极限卡规的通端
c) 由两部分组成的极限卡规的止端
d) 极限量规
e) 波形测量仪

12

下列哪项措施不适用于加工过程中的质量控制?

a) 检测质量,尽早识别有缺陷的零件
b) 了解加工工序,避免出现缺陷
c) 通过机床上的调整装置完成过程控制,尽可能保持同一尺寸
d) 直接处理测量值,以控制产品
e) 较少检查测量值,以降低费用

13

一块钢制工件的长度为 120 mm,经过 42 ℃ 温度下的短暂加工。

当温度为 20 ℃ 时,使用外径千分尺测量的测量误差是多少?(钢的热线膨胀系数 $\sigma_{St}=0.000\,012\,1/℃$)

a) 0.012 mm b) 0.029 mm
c) 0.032 mm d) 0.044 mm
e) 0.060 mm

14

下列哪种比例不符合 DIN ISO 5455 标准?

a) 2∶1 b) 1∶2
c) 1∶5 d) 1∶10
e) 1∶25

15

机械制造图纸中,哪种线型要用点绘制中断线?

a) 不规则连续细线
b) 细点划线
c) 宽点划线
d) 宽实线
e) 细实线

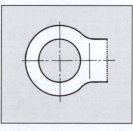

16

如图所示,下列哪项说法是正确的?

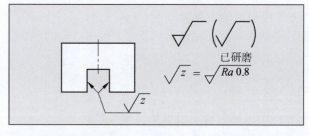

a) 所有的面必须通过切削加工完成,槽的侧面需要研磨,研磨余量为 $0.8\,\mu m$
b) 加工方法可以选择,槽的侧面需要研磨,允许平均表面粗糙度数值为 $0.8\,\mu m$
c) 所有的面必须通过切削加工完成,槽的侧面需要研磨,最高平均表面粗糙度数值为 $0.8\,\mu m$

d) 所有的面包括槽的侧面需要研磨,允许的平均表面粗糙度数值为 0.8 μm
e) 填写该类表面参数不符合 DIN ISO 1302

17

如图所示,下列说法哪项是正确的?

a) 加工方法可以选择,允许的平均表面光洁度不能超过 100 μm
b) 确定为切削加工,允许的平均表面光洁度不能超过 100 μm
c) 确定为非切削加工,允许的平均表面光洁度不能超过 100 μm
d) 允许的弯曲半径为 100 mm
e) 允许的最高回流速度为 100 m/min

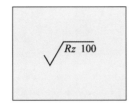

18

如图所示,下列说法哪项是正确的?

a) 加工余量为 0.8 μm
b) 允许的平均表面粗糙度数值 Ra 为 0.8 μm
c) 允许的平均表面光洁度 Rz 为 0.8 μm
d) 允许的表面光洁度 Rt 为 0.8 μm
e) 进给不超过 0.8 μm

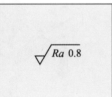

19

根据 DIN ISO 128,下列哪条线规定用于说明剖切平面线?

a) ————————
b) —— - —— - —— - ——
c) — — — — — — — —
d) — - - — - - — - -
e) ～～～～～～～

20

下列图示中哪项的直径是按标准填写的?

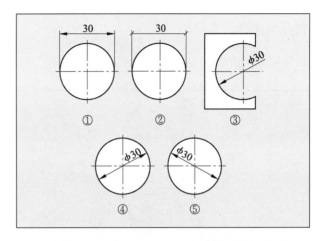

a) 只有图①和图② b) 只有图③、图④和图⑤
c) 只有图③ d) 只有图③和图④
e) 所有图

21

如果绘制图纸的线组为 0.5,那么绘制尺寸线的线宽是多少?

a) 0.7 mm b) 0.5 mm
c) 0.35 mm d) 0.25 mm
e) 0.18 mm

学习领域 3：简单组件的加工

测试时间：_____   学员：_____

辅助工具：_____   日期：_____

指导项目：钻模

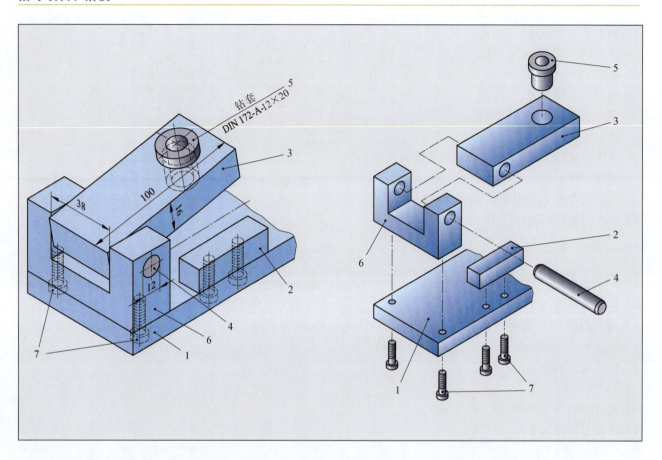

钻 模				
位置编号	数量单位	名称	材料/标准标记	毛坯尺寸
1	1	底座	S235JR	扁钢 200(宽)×20(高)×70(长)
2	1	压板	S235JR	扁钢 60(宽)×20(高)×15(长)
3	1	盖板	S235JR	扁钢 110(宽)×20(高)×40(长)
4	1	圆柱销	ISO 8734－12×60－B	
5	1	带肩钻套	DIN 172－A 12×20	
6	1	叉形连接件	S235JR	70×50×50
7	4	圆柱头螺钉	ISO 4762－M 8×16－10.9	

简 答 题

1

请借助已有信息理解盖板式钻模中各部件的相互作用，并在如下表所示的表格中描述其用途或功能原理。

部件及位置编号	用途/功能原理

2

请绘制叉形连接件（位置编号 6）的加工图纸，包括必要的加工尺寸（成品尺寸：L×B×H＝60 mm×30 mm×40 mm；螺纹孔深 10 mm；φ12H7 孔中心到上边的距离为 10 mm）。请尽可能少地使用视图说明。

3

底座（位置编号 1）和压板（位置编号 2）通过螺栓连接。

a) 请说明选择使用圆柱头螺钉的原因。
b) 请至少列出三种连接两个部件的方法。
c) 请分别说明这三种连接的优缺点，并评估现有的螺栓连接。

4

请制订盖板式钻模的装配计划，并列出工作步骤及其所需工具。

5

请根据下表参数创建盖板（位置编号 3）的主要尺寸检测表。

盖板检测表				
名称	尺寸/mm	公差	偏差/mm	检测工具
高度	16	普通公差 m	±0.2	游标卡尺
⋮	⋮	⋮	⋮	⋮

6

有哪三种配合类型？分别用于哪些零部件？请分别列举两个应用实例。

7

盖板（位置编号 3）和叉形连接件（位置编号 6）之间存在间隙配合 H7/f7。

请创建相关尺寸的配合尺寸表，并确定配合的最大间隙和最小间隙。

8

盖板(位置编号3)和带肩钻套(位置编号5)之间存在配合。

a) 该配合有何作用?
b) 请从ISO配合体系中选择配合类型以及相应的配合。
c) 请创建相关尺寸的配合尺寸表,并确定配合的最大间隙和最大过盈。

9

使用带肩钻套(位置编号5)时会有一定的磨损。

a) 使用哪种材料加工钻套可以抵抗磨损?
b) 请说明使钻套更耐磨的热处理方法。

10

钻孔时,钻模的盖板(位置编号3)的前边受到150 N下压力,同时产生力矩。

a) 写出力矩的计算公式。
b) 请计算力矩(N·m)的大小。
c) 请描述杠杆原理。同时,应用并解释力、杠杆力臂和力矩。

11

连接可以根据不同标准加以区分。如图所示为三种连接及其作用力。

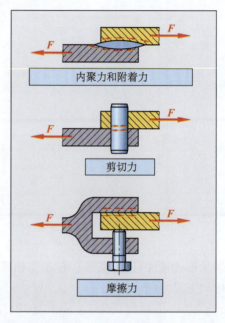

a) 请说明三种连接及其作用原理。
b) 请分别举例说明三种连接。每种连接至少举两个例子。
c) 还有哪些区分连接的特性?
d) 钻模上有四种可识别的连接,请根据相应的作用原理进行归类。

12

通过动力的类别可以区分控制类型,比如:气动控制采用空气作为动力。

a) 请根据不同的动力类别区分三种控制类型。
b) 请分别列出两种控制类型的优缺点,每种类型至少列出三个优缺点。

13

如图所示为控制单元显示气缸的排气节流。

a) 气动控制有哪些优缺点?
b) 请列出参与控制的零件。
c) 与进气节流相比,排气节流有什么优点?
d) 请绘制与上图控制类似的单作用气缸的进气节流。

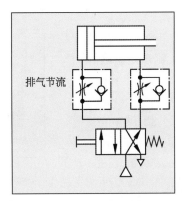

选 择 题

1

下列千分尺的读数哪项是正确的？

a) 35.45 mm
b) 38.45 mm
c) 38.95 mm
d) 39.45 mm
e) 39.95 mm

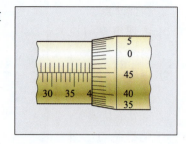

2

千分尺的测量结果是多少？

a) 65.36 mm
b) 65.84 mm
c) 65.34 mm
d) 63.84 mm
e) 63.86 mm

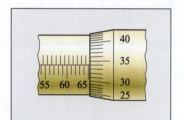

3

图示检测工具是什么？

a) 圆柱塞规
b) 极限卡规
c) 扳手量规
d) 形状量规
e) 半径规

4

下列关于测量值数显的说法哪项是错误的？

a) 数显允许微量的尺寸变化
b) 数显允许读中间值
c) 数显能够存储到信息载体
d) 数显减少读数错误
e) 数显会发生变动

5

下列哪项不属于电子测量数据处理的优点？

a) 电子测量数据能够快速且准确地被评估
b) 电子测量数据能够被保存
c) 电子测量数据处理不受测量地点的制约
d) 电子测量数据比其他测量数据更准确
e) 电子测量数据能够用于统计评估

6

图示最大间隙是多少？

a) 0.01 mm
b) 0.04 mm
c) 0.06 mm
d) 0.05 mm
e) 0.07 mm

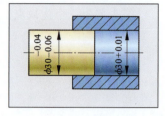

7

配合尺寸 28f7 的公差是多少？

a) 0.020 mm
b) 0.021 mm
c) 0.041 mm
d) 0.061 mm
e) －0.041 mm

配合尺寸	偏差
28f7	－0.020
	－0.041

8

下列图示中哪种配合会出现间隙？

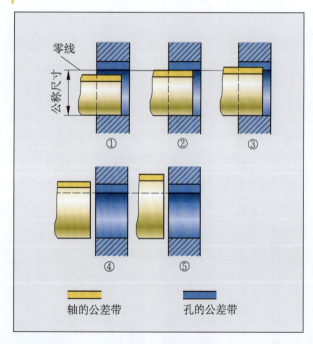

a) 仅图①
b) 图①和图②
c) 仅图③
d) 图①、图②、图③、图④
e) 仅图⑤

9

下列哪项是图示圆柱销的公差带？

a) H8
b) h11
c) d7
d) m6
e) H7

10

如何理解内聚性？

a) 表面上胶黏剂的黏合
b) 钎料渗入焊缝
c) 物质粒子间的相互作用力
d) 润滑剂的黏性
e) 熔液的凝固

11

使用图示夹具夹紧工件。

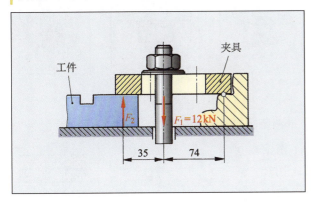

11.1

下列哪项公式用于计算夹紧力 F_2？

a) $F_1 \cdot l_1 = F_2 \cdot l_2$
b) $F_1 \cdot l_2 = F_2 \cdot l_1$
c) $F_2 - l_1 = F_1 \cdot l_1$
d) $F_1 + l_1 = F_2 + l_2$
e) $\dfrac{F_1}{l_1} = \dfrac{F_2}{l_2}$

11.2

下列哪项是计算夹紧力 F_2 的正确结果？

a) 8.1 kN   b) 16.2 kN
c) 25.4 kN   d) 35 kN
e) 74 kN

12

如图所示，力 F_1 和 F_2 产生的力 F_R 是多少？

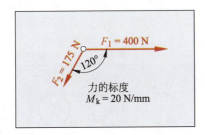

a) 6 N   b) 17.5 N
c) 175 N   d) 350 N
e) 1750 N

13

下图所示为应力-应变曲线。下列哪项数值用 R_e 标记？

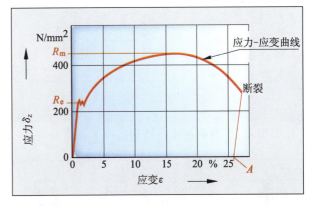

a) 断裂极限   b) 延伸极限
c) 弹性极限   d) 允许的应力
e) 比例极限

14

如图所示，该图的名称是什么？

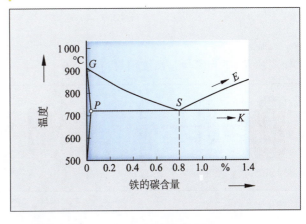

a) 钢曲线图   b) 生铁曲线图
c) 铁碳平衡图   d) 铁曲线图
e) 碳曲线图

15

题 14 图中 GSE 线的上方表示钢的什么组织？

a) 珠光体   b) 铁氧体
c) 渗碳体   d) 奥氏体
e) 只有共晶组织

16

下列哪项简称属于工具钢？

a) 35S20   b) C70U
c) 32CrMo12   d) 16MnCr5
e) Ck10

17

如图所示，力以哪种方式传递？

a) 附着力
b) 材料接合
c) 接地
d) 形状接合
e) 短路

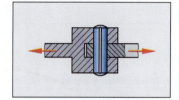

18

如图所示，下列哪种螺栓特别适用于动态负荷？

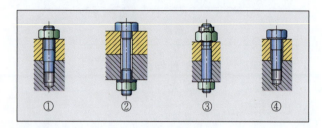

a) 图①　　　b) 图②
c) 图③　　　d) 图④
e) 图①至图④均适用

19

如图所示，下列哪项是螺纹销钉？

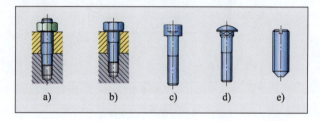

20

如图所示，下列哪种连接件未显示螺栓防松装置？

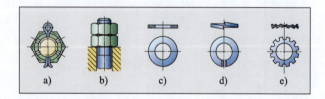

21

图示轴的固定装置是什么？

a) 调整环
b) 锥形销
c) 锁环
d) 挡圈
e) 垫圈

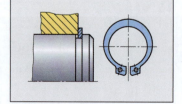

22

下图哪项是标准的螺栓连接？

a) 仅图①
b) 仅图②
c) 仅图③
d) 全不是
e) 全是

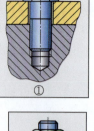
 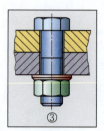 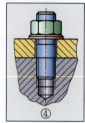
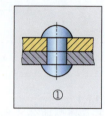

23

下图哪项是标准的连接？

a) 图①
b) 图②
c) 图③
d) 图④
e) 全不是

 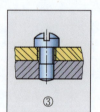 

24

计算机关闭时下列哪个存储器上的数据会被删除？

a) 只读存储器（ROM、EPROM）
b) 硬盘
c) 光盘只读存储器（CD-ROM）
d) 随机存取存储器（RAM）
e) U盘

25

下列哪项用于标记交直流两用电机？

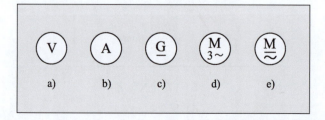

学习领域 4：技术系统的保养

测试时间：_____   学员：_____

辅助工具：_____   日期：_____

指导项目：带锯床的保养与改善

师傅布置了一项任务：保养带锯床并将手动夹紧装置替换成电气动夹紧装置。

数字编号	保养位置	任务	频率	辅助材料/润滑剂
1	V 形皮带传动	检查张紧力	每周	—
		润滑轴承	每周	CLP 100
2	电动机	检查电动机是否固定	每周	—
		检查电线是否损坏且在固定位置	每周	—
3	锯带导向装置调节器	润滑	每周	K1K
4	虎钳	检查夹爪	每月	
		检查导向装置，润滑	每周	K1K
		润滑转轴	每周	K2M
5	锯带夹紧装置	润滑转轴	每周	KP2K
		检查锯带张紧力	每天	—
6	锯轮	检查磨损情况	每月	—
		检查锯轮轴承	每周	CLP 100
7	锯带	检查是否损坏	每天	—
8	锯带导向装置	检查导向装置的磨损情况	每月	
		检查减震轮的磨损情况	每月	
		润滑锯轮轴承		CLP 100
9	终端按钮	检查是否损坏	每周	—
10	外壳	检查喷漆	每月	
11	切削液	检查质量	每周	—

简 答 题

1
带锯床由不同的组件（用数字编号 1～10 标记）构成。
机床的哪些部件可以归入下列功能单元？
a) 传动单元；
b) 连接单元；
c) 工作单元；
d) 承重和支撑单元；
e) 控制单元；
f) 工作安全单元；
g) 能量传输单元。

2
请列出四条维护（DIN 31051）的基本措施并简单描述。

3
如何区分保养和检查？

4
请针对带锯床的保养、检查和维修，分别列出两条措施。

5
请分别列出一条带锯床的维护措施。
a) 故障维护；
b) 预防性维护；
c) 状态维护。

6
请叙述带锯床的保养方法。请根据下列问题写出相关知识、所需工具和润滑剂。
a) 保养过程中应遵守哪些安全准则？
b) 保养时需要哪些工具？
c) 保养时需要哪些润滑剂？并解释润滑剂的名称。
d) 如何清理用过的润滑剂？

7
现需检查带锯床 V 形皮带的张紧力。请用自己的语言描述检查方法。

8
将手动夹紧装置改装成电气动夹紧装置被称为优化。请用自己的语言描述为什么改装属于优化措施？

9
如果已安装电气动夹紧装置的机械零件，必须完成传感器、开关和气阀的布线。工业机械师可以实施此项工作吗？请回答并说明理由。

10
带锯床外壳的部分喷漆脱落。如何防止机床生锈？

11
如图所示为夹紧装置的电气动原理图。请用自己的语言说明控制过程。

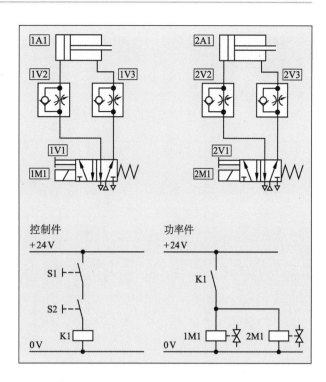

12
请用功能图语言 GRAFCET 创建控制功能图。

13

保养时发现要更换切削液。清理切削液时要注意哪些安全措施？

15

通过控制电路的开关打开带锯床的三相异步电动机的线路如图所示。

图中用字母命名的零件叫什么？

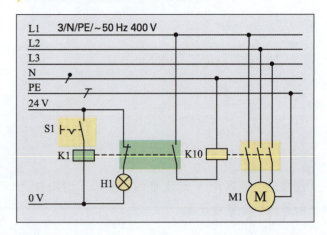

14

有 3 盏灯用于带锯床的工位照明。

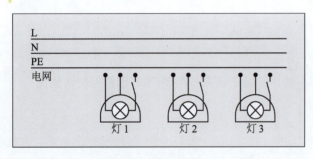

a) 要使 3 盏灯的亮度相同，如何接入电网？
b) 请将所缺线路补充完整。

16

带锯床需要 400 V 三相交流电才能启动，而电气动夹紧装置只需要 24 V。电压通过变压器后会降低。

a) 请画出变压器的基本构造。
b) 请用自己的语言解释变压器的工作原理。
c) 若变压器次级线圈数为 60，请计算初级线圈数。
d) 请计算线圈的匝数比。

选 择 题

1

带锯床上将完成下列工作步骤。下列哪项工作不属于检查工作？

a) 目检 V 形皮带的磨损情况
b) 更换磨损的 V 形皮带
c) 检查导向装置的磨损情况
d) 检查 V 形皮带的张紧力
e) 检查电线是否损坏且在固定位置

2

维护带锯床不会实现什么目标？

a) 提高机床的经济性
b) 保护员工的健康
c) 保护宜居的环境
d) 遵守法律法规
e) 充分利用机床的有效功率

3

下列哪项工作不属于带锯床保养？

a) 清洁工作区
b) 润滑锯带的压紧轮
c) 拉紧 V 形皮带
d) 装满润滑剂
e) 调整加工过程

4

何时应更换带锯床的润滑油？

a) 润滑油开始"树脂化"时
b) 轴承出现噪音时
c) 滤油器堵塞时
d) 制造商提供的润滑图表说明的时间
e) 润滑油用完时

5

当润滑油的温度超过工作温度时会发生什么？

a) 润滑油开始"树脂化"
b) 润滑油的黏度提高
c) 润滑油的黏度降低
d) 润滑油的润滑效果增强
e) 润滑油的密度变大

6

如图所示，带锯床润滑剂供给装置上的零件叫什么？

a) 油脂室
b) 滴油器
c) 灯芯式润滑器
d) 注油嘴
e) 自动润滑器

7

如图所示为带锯床润滑图表上的标志。如何理解该标志？

a) 利用滑脂枪润滑
b) 更换润滑油
c) 用油壶加油
d) 检查油位并加油至标记处
e) 注意换油间隔期

8

切削液有什么作用？

a) 冷却，减少工件与刀具之间的摩擦
b) 增加工件与刀具之间的摩擦
c) 仅起冷却作用
d) 使产生的切屑较短
e) 减少工件与刀具之间的摩擦

9

检查切削液时无法检查哪项数值？

a) 切削液的浓度
b) 切削液中碳水化合物的含量
c) 切削液的 pH 值
d) 切削液中亚硝酸盐的含量
e) 微生物和细菌的含量

10

为了冷却锯条，使用带锯床时会使用乳化切削液。乳化切削液由什么成分组成？

a) 水和洗涤剂
b) 多种润滑油的混合物
c) 乳化油和水的混合物
d) 水和软化剂
e) 水和乳化剂

11

如何处理使用过的切削液?

a) 燃烧处理

b) 中和切削液,排入下水道

c) 使用过的切削液沉淀后可以再次使用

d) 收集使用过的切削液,交给专业公司清理

e) 与锯屑结合并运往特殊垃圾处理场

12

用什么工具可以简单地测量出乳化切削液的浓度?

a) 分光镜 b) 手动折光计

c) 显微镜 d) pH 值测试纸

e) 液体培养基

13

在装有切削液浓缩物的桶上印有下图标志。使用浓缩物时需要注意什么?

a) 浓缩物具有腐蚀性

b) 摄取少量的浓缩物会危害身体健康

c) 浓缩物有益于身体健康

d) 需采取听力保护措施

e) 浓缩物具有爆炸的危险

14

图示标志有什么含义?

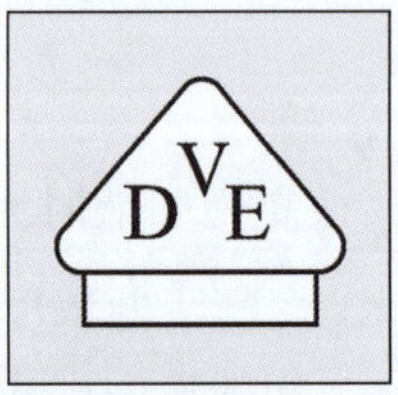

a) 德国电气工程师的行业协会会标

b) 德国电工技术员协会的检验合格标志

c) 节能装置的标志

d) 德国电工技术员协会

e) 电子商务协会

15

欧姆定律的公式是什么?

a) $U = R \cdot I$ b) $I = U \cdot R$

c) $R = U \cdot I$ d) $U = I/R$

e) $R = I/U$

16

如图所示,如果每个电磁线圈的电阻为 48 Ω,那么流经电气动阀电磁线圈的电流是多少?

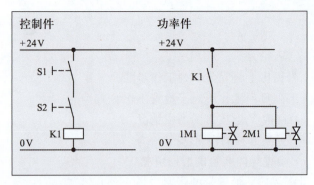

a) $I = 0.5$ A b) $I = 1.0$ A

c) $I = 1.5$ A d) $I = 4.0$ A

e) $I = 0.25$ A

17

题 16 图中,如果测量出左边电路中的电流为 40 mA,设备的工作电压为 24 V,则接触器 K1 的电阻是多少?

a) $R = 100$ Ω b) $R = 200$ Ω

c) $R = 400$ Ω d) $R = 500$ Ω

e) $R = 600$ Ω

18

题 16 图中,如果电路中的电阻串联,则下列哪个公式成立?

a) $I_1 = I_2 = I_{ges}$ b) $I_1 + I_2 = I_{ges}$

c) $I_1 : I_2 = I_{ges}$ d) $I_1 - I_2 = I_{ges}$

e) $I_1 = I_{ges}$

19

题 16 图中,如果电磁线圈从并联变成串联,则每个电磁线圈上的电压是多少?已知每个电磁线圈的电阻 $R = 48$ Ω,设备的工作电压 $U = 24$ V。

a) $U = 48$ V b) $U = 24$ V

c) $U = 12$ V d) $U = 6$ V

e) $U = 14.3$ V

20

电流流过人体。电流和电压超过多少时会对人体造成伤害?

a) 电流大于 50 mA,电压大于 50 V

b) 电流大于 5 A,电压大于 40 V

c) 电流大于 0.5 A,电压大于 30 V

d) 电流大于 50 A,电压大于 100 V

e) 电流大于 5 A,电压大于 230 V

21
如何理解"生锈"？
a) 由于磨损破坏了金属的表面
b) 零件表面突然出现裂痕
c) 由于化学和（或）电化学反应，金属材料的表面被破坏
d) 零件负荷高，导致表面出现孔
e) 通过附着力破坏金属表面

22
锯掉的裸露金属件要送往其他公司继续加工。有什么方法可以防锈？
a) 通过双组分油漆防锈
b) 给裸露金属件上油
c) 通过牺牲阳极保护法防锈
d) 用气垫膜包装裸露金属件
e) 将裸露金属件放至装满水的容器中运输

23
下列关于接触腐蚀的说法哪项是正确的？
a) 钢材表面接触到空气时会出现腐蚀
b) 金属和塑料的接触点上会出现腐蚀
c) 由于电气开关操作出现腐蚀
d) 湿手触摸金属时出现腐蚀
e) 两种不同金属的接触点上会出现腐蚀

24
下列关于防锈的说法哪项是正确的？
a) 磷化处理过程中会产生金属涂层
b) 阳极氧化（阳极电镀）仅用于铝及其合金
c) 塑料涂层特别有利于防止机械损坏
d) 钢的铬层破坏时，涂层金属铬会被电化学破坏
e) 优先使用热浸镀工艺镀镍层

25
下列哪种防锈方法会产生非金属镀层？
a) 电镀   b) 镀金
c) 扩散   d) 磷化处理
e) 热浸镀

26
如图所示，带锯床皮带传动中锥轮轴承的球轴承的滚动体出现损坏。损坏是由于什么原因引起的？

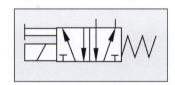

a) 附着力
b) 腐蚀
c) 摩擦氧化
d) 表面疲劳
e) 内聚力

27
下列哪项原因会加快锯带导向装置的磨损？
a) 导向装置抛光
b) 导向装置脏且未润滑
c) 上了油的导向装置
d) 用 CGLP 220 润滑
e) 用 K2K-20 润滑

28
下列哪项物理量对空气的相对湿度影响最大？
a) 温度   b) 压力
c) 流速   d) 体积
e) 亮度

29
电气动夹紧装置的双作用气缸（见第 25 页题 11 图）的活塞直径 $D=40$ mm。设备的工作压力 $p_e=6$ bar，气缸的效率 $\eta=0.88$。气缸的拉力是多少？
a) $F_Z=644$ N   b) $F_Z=560$ N
c) $F_Z=665$ N   d) $F_Z=636$ N
e) $F_Z=756$ N

30
下图中控制装置的阀门 1V1 表示什么？

a) 带零位闭锁的 5/2 换向阀，弹簧复位
b) 通过电磁线圈和手动辅助控制器控制 4/2 换向阀
c) 通过电磁线圈和手动辅助控制器控制 5/3 换向阀，弹簧复位
d) 通过电磁线圈和手动辅助控制器控制 5/2 换向阀，弹簧复位
e) 带零位闭锁的 5/2 换向阀

31

下图名称是什么?

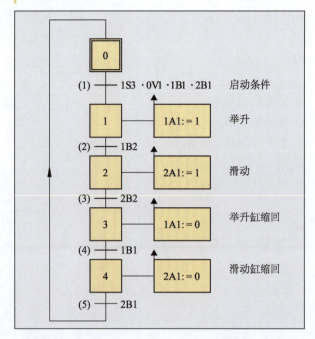

a) 顺序链 b) 功能图
c) GRAFCET 顺序功能图 d) 位移步骤图
e) 控制流程图(Workflow)

32

双作用气缸的活塞直径 $D=40$ mm,冲程 $s=100$ mm,每分钟的冲程数 $n=3$,压力 $p_e=6$ bar。请根据下图确定空气消耗量。

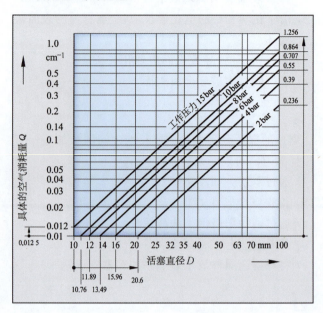

a) $Q=12$ min^{-1} b) $Q=6$ min^{-1}
c) $Q=3$ min^{-1} d) $Q=108$ min^{-1}
e) $Q=0.1$ min^{-1}

学习领域 5：使用机床加工零件

测试时间：_____ 学员：_____

辅助工具：_____ 日期：_____

指导项目：滚轮轴承

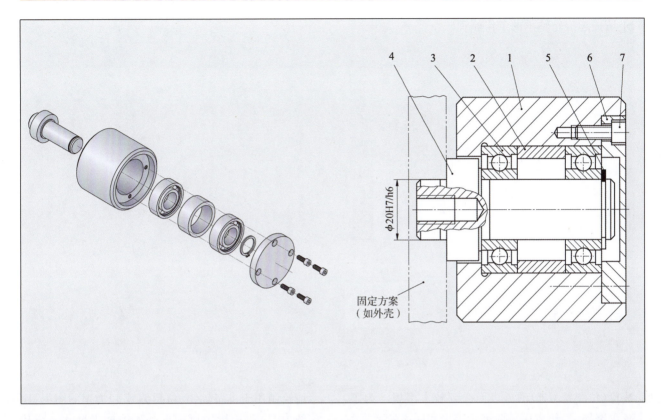

滚轮轴承				
位置编号	数量/单位	名　称	原料/标记代号	毛坯尺寸
1	1	滚轮	38Cr2	$\phi 90 \times \phi 160$ lg
2	1	定距环	E235＋C	$\phi 55 \times \phi 40$ lg
3	2	向心球轴承	DIN 625－6004.2 RSR	
4	1	轴销	E295	$\phi 50 \times \phi 160$ lg
5	1	挡圈	DIN 471－20×1.2	
6	1	轴承盖	E295	$\phi 60 \times \phi 30$ lg
7	4	圆柱头螺钉	ISO 4762－M 4×12－8.8	

简 答 题

1

通过装配图和零件清单,理解滚轮轴承各个零部件的相互作用。
a) 滚轮有什么作用?
b) 请描述滚轮轴承的工作原理。

2

滚轮(位置编号 1)的外表面受到较大磨损。为了减少磨损,滚轮表层需要进行淬火和回火处理。
a) 滚轮的表面经淬火处理后具有哪些特性?
b) 请列出三种对工件表层进行淬火的方法。
c) 请说明一种表层淬火方法的工艺流程。
d) 为什么工件淬火后要回火?

3

滚轮(位置编号 1)滚动面的硬度为 48+4HRC。
a) 在该硬度参数下使用哪种方法完成硬度试验?
b) 请说明该硬度试验的工作步骤。

4

请绘制用于准备轴销(位置编号 4)加工的图纸,比例为 2∶1,图纸中应标出必需的加工尺寸。请从一个视角绘图。如有必要,请用部分剖面展示细节。

5

总图中标有尺寸 $\phi 20$H7/h6，该尺寸可以说明轴销(位置编号4)的尺寸。

a) 请根据下图模板创建上述尺寸的检测表。

检测表(模板)			
名称	尺寸/mm	公差	偏差/μm	检测仪
孔的直径	20	H7	…	…

b) 孔 $\phi 20$H7 与轴 $\phi 20$h6 接合时产生哪种配合类型？

c) 为什么根据右图表面参数无法加工出符合要求尺寸的表面？

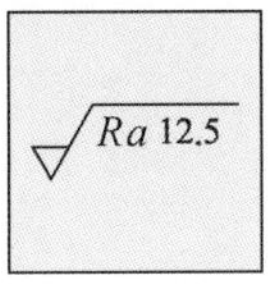

$\sqrt{Ra\ 12.5}$

6

根据极限尺寸和配合的 ISO 体系，圆柱塞规通端和止端的极限尺寸分别是多少？

7

请根据下图模板，以表格的形式制订加工轴销(位置编号4)的工作计划。工件通过普通车床加工。请列出各个工作步骤所需的工具、刀具材料、夹紧装置以及加工数据(切削速度 v_c、进给 f 和转速 n)。相关数据请查阅手册。

工作计划(模板)		
工作步骤	刀具、辅具、切削速度	切削参数(转速)

8

请计算纵向车削轴销(位置编号4)向心球轴承套直径所需的时间。假设需要走刀5次，通过两种不同的计算方式用于区分粗车和精车。每次走刀前的启动距离 $l_a = 2$ mm。

a) 请利用《简明机械手册》确定计算车削时间的公式并作说明。

b) 请计算车削时间。

c) 为什么确定的公式不能用于钻孔和铣削？

9

轴销(位置编号4)配合尺寸的表面粗糙度理论值不能超过 5 μm，这是由车削进给量和刀尖圆弧半径决定的。

a) 请利用《简明机械手册》确定计算粗糙度理论值的公式。

b) 请计算出表面粗糙度小于 5 μm 时的刀尖圆弧半径。

10

作为车削的备选方案,轴销(位置编号 4)配合尺寸需要研磨。

a) 使用哪种研磨材料?
b) 如果表面平均粗糙度最高为 5 μm,则砂轮的粒度是多少?
c) 如果砂轮呈现出蓝色的彩条,则砂轮的圆周速度最高是多少?

11

除了其他方法,钻孔、车削和铣削统称为"切削"加工方法。

a) 请列出五种不同的切屑形状。
b) 切削加工时通常追求哪种切屑形状?请回答并说明原因。
c) 请列出在加工过程中对切屑形状造成有利影响的措施,至少列出两条。

12

现代化刀具材料可适用于广阔的应用领域。

a) 请至少列出现代化刀具材料的四个基本要求。
b) 加工时选择恰当的刀具材料可以达到不同的目的,请说明四个目的。
c) 请利用《简明机械手册》分别查出高速钢、硬质合金和陶瓷刀具的切削速度 v_c 和热硬度。

13

切削液是切削加工过程中不可缺少的辅助材料。切削液的主要功能是什么?

选 择 题

1

图示是什么加工过程？

a）端铣
b）逆铣
c）顺铣
d）端面
e）成形铣削

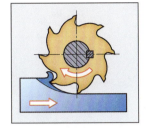

2

在哪些图显示的是V形导轨？

a）图①和图② b）图②和图④
c）图②和图③ d）图③和图⑤
e）图③和图④

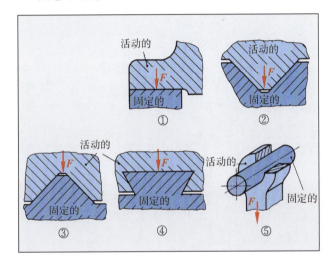

3

如何理解"车端面"？

a）端面车削 b）与轴平行的侧面车削
c）按照图纸车削 d）工件车圆锥
e）工件对中心

4

如果下列图示切削横截面的面积相同，则哪种横截面的耐用度最高？

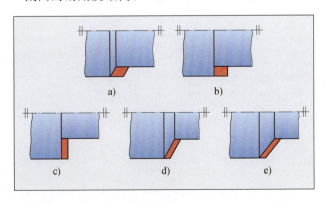

5

图示车床上用X标记的零件叫什么？

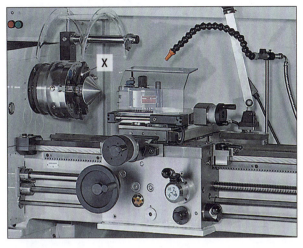

a）横向溜板 b）主轴箱
c）车床夹头 d）刀架
e）走刀杠

6

如图所示，该磨削方法叫什么？

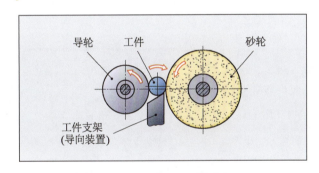

a）成形磨削 b）螺纹磨削
c）切入磨削 d）外圆研磨
e）无心外圆磨削

7

C60钢轴的外直径为60 mm，长度为462 mm，使用非涂层刀片(P10)纵向车削。进给量为0.4 mm。

7.1

车削时，切削速度的标准值应为多少？

a）200 m/min b）100 m/min
c）165 m/min d）145 m/min
e）125 m/min

7.2
在转速等级为 280 min^{-1}、355 min^{-1}、450 min^{-1}、560 min^{-1}、710 min^{-1}、900 min^{-1} 和 1 120 min^{-1} 的车床上车削时,转速应设置为多少?

a) 300 min^{-1} b) 560 min^{-1}
c) 710 min^{-1} d) 900 min^{-1}
e) 1 120 min^{-1}

7.3
起始和超出行程各为 3 mm 时,车削时间是多少?

a) 0.5 min b) 1.3 min
c) 1.75 min d) 2 min
e) 2.25 min

8
砂轮的直径 $d=300$ mm,其最大圆周速度 $v=35$ m/s。

8.1
下列哪项公式用于计算砂轮的最大允许转速?

a) $v=\pi \cdot d \cdot n$ b) $v=\dfrac{\pi \cdot d}{n}$
c) $v=\dfrac{\pi \cdot n}{d}$ d) $v=\pi \cdot d^2 \cdot n$
e) $v=\dfrac{\pi \cdot d^2}{n}$

8.2
允许转速是多少?

a) 1 440 min^{-1} b) 2 230 min^{-1}
c) 3 000 min^{-1} d) 3 500 min^{-1}
e) 4 460 min^{-1}

9
用于铣削轻金属的铣刀头,其齿数 $z=22$,直径 $d=420$ mm。
铣削时切削速度 $v_c=950$ m/min,进给速度 $v_f=1 100$ mm/min。

9.1
下列哪项公式用于计算铣刀头的转速 n?

a) $n=\dfrac{d}{\pi \cdot v_c}$ b) $n=\dfrac{v_c}{\pi \cdot d}$
c) $n=\dfrac{\pi}{d \cdot v_c}$ d) $n=v_c \cdot \pi \cdot d$
e) $n=\dfrac{v_c \cdot d}{\pi}$

9.2
如果公式 $f_z=\dfrac{v_f}{z \cdot n}$ 用于计算铣刀每齿进给量,则下列哪项公式用于计算转速?

a) $f_z=\dfrac{v_f \cdot d \cdot z}{\pi \cdot v_c}$ b) $f_z=\dfrac{v_f \cdot d \cdot v_c}{\pi \cdot z}$
c) $f_z=\dfrac{v_f \cdot \pi}{z \cdot d \cdot v_c}$ d) $f_z=\dfrac{v_f}{z \cdot v_c \cdot \pi \cdot d}$
e) $f_z=\dfrac{v_f \cdot \pi \cdot d}{z \cdot v_c}$

9.3
铣刀每齿进给量是多少?

a) 0.035 mm b) 0.07 mm
c) 0.28 mm d) 0.36 mm
e) 0.44 mm

10
简称 11SMn37 是指哪种钢?

a) 非合金钢 b) 样板钢
c) 易切削钢 d) 低合金工具钢
e) 不锈钢

11
下列哪种材料不能用于磨料?

a) 金刚砂 b) 白刚玉
c) 金刚石 d) 氮化硼
e) 白云石

12
用 X 标记的面叫什么?

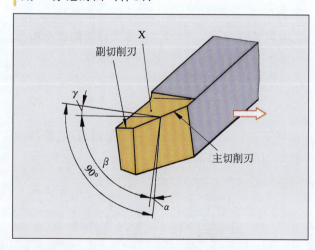

a) 切削面 b) 前刀面
c) 主切削面 d) 副切削面
e) 楔面

13

下列关于车刀标记 X 的说法哪项是正确的？

a) 为了减缓磨损焊上的硬质合金
b) 切削刀具的形变被称为车刀月牙洼
c) 由于切屑排出而形成的磨损槽
d) 由于材料沉积而形成的刀瘤
e) 图示为用于加工较软材料的切削片

14

图示砂轮的名称是什么？

a) 扁轮
b) 薄片砂轮
c) 碗形砂轮
d) 圆形小盖
e) 圆盘

15

下列哪把车刀适用于从右向左的车削？

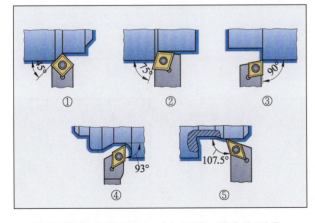

a) 图①、图②和图③ b) 图②、图④和图⑤
c) 图①、图②和图④ d) 图①、图②和图⑤
e) 图①、图③和图⑤

16

图示铣削工具的名称是什么？

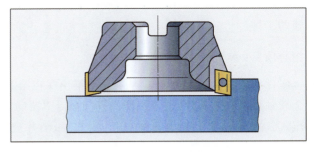

a) 角铣刀头 b) 斜角铣刀
c) 面铣刀头 d) 圆盘铣刀
e) 平面铣刀

17

下列哪项是对称双角铣刀？

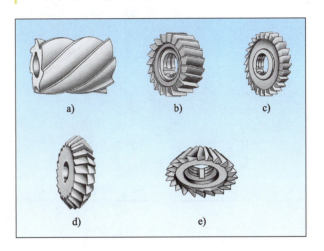

学习领域 6：技术系统的安装和调试

测试时间：_____   学员：_____

辅助工具：_____   日期：_____

指导项目：装配工作站的控制

金属件和塑料件被气缸 1A1 从料仓中推出并在第 2 个气缸下面的止动装置上夹紧。第 2 个气缸 2A1 仅将金属轴套压入塑料件，但是该操作只有当传感器确定塑料件位于压入气缸下时才会实施。如果金属件位于压入气缸下面，零件的张力通过气缸 1A1 抵消并被气缸 3A1 抛出。

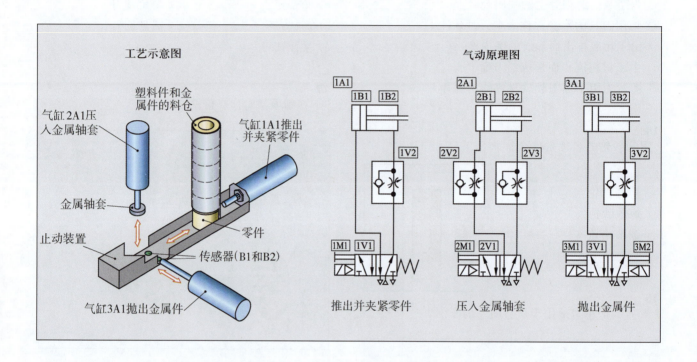

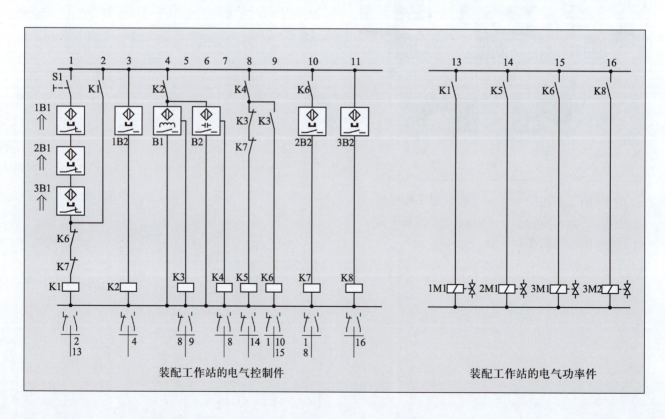

简　答　题

1
请使用 GRAFCET 规范语言创建装配工作站控制器的顺序功能图。

2
为了感应"塑料件是否存在于压入装置下",要使用传感器。
a) 请解释主动传感器和被动传感器之间的区别。
b) 使用哪种传感器检测材料？请说明原因。

3
通过光幕（光栅）防止装配工作站无意中被干扰。
a) 为什么使用带光幕的安全保护装置？
b) 请列出使用光幕的优点。
c) 请说明单路光栅的工作原理。
d) 电路图中（见第 38 页图）尚未连接光幕。如果光幕与控制件连接,请将电流通路补充完整。

4
固定金属轴套前应检查塑料件是否在正确位置上（孔上方）。
a) 使用哪种传感器进行检查？
b) 请说明所选传感器的工作原理。

5

为了优化装配工作站的控制器,需将气动压入缸更换成液压缸。

a) 与气动压入缸相比,液压缸有什么优点?

b) 为了能够将气动压入缸更换成液压缸,请更改气压功率件的电路图。

c) 液压缸的工作压力 $p_e = 30$ bar,压入时需要的力 $F_E = 600$ N。请计算液压缸的活塞直径。(假设液压缸的效率 $\eta = 1$)

d) 液压装置中必须安装限压阀。请说明安装的原因。

e) 请借助下图说明限压阀的工作原理。

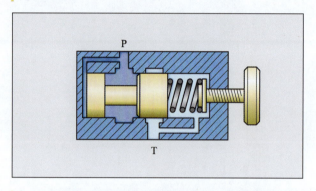

f) 为了输送液压油以及系统增压,需要使用齿轮泵。请在下图中标注齿轮的旋转方向。

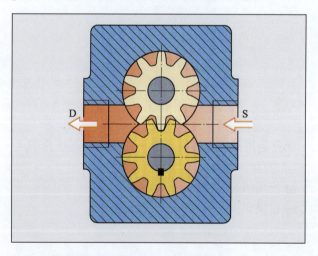

g) 如何理解气动装置中的体积流量?

h) 请说明定量泵和变量泵之间的区别。请分别列出两种泵的结构形式。

i) 为了储存液压油,需要使用液压蓄能器。请列出液压蓄能器的三种结构形式。

j) 哪些液体可以用作液压液?

k) 请选择一种适用于装配工作站的液压油并说明原因。

6

气动管路的系统压力 $p_e = 8$ bar,但是装配工作站的工作压力 $p_e = 6$ bar。为了减压,将安装调压阀(见下图)。

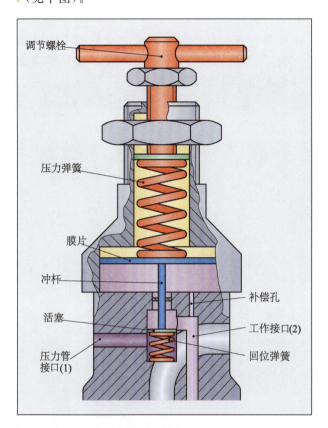

a) 请说明上图装置的工作原理。

b) 使用弹簧管压力表测量设置的系统压力。请借助下图说明压力表的工作原理。

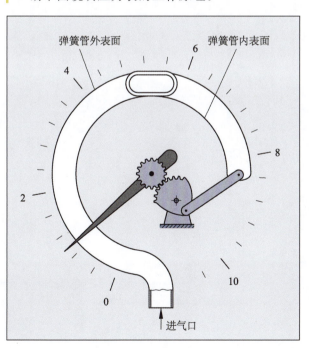

7

为了防止气动件生锈和磨损,压缩空气进入油雾器之前,要先在空气过滤器(带脱水器)中过滤。

a) 请说明空气过滤器(带脱水器)的工作原理。

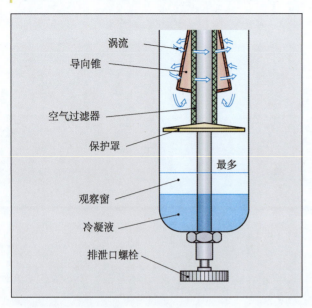

b) 请说明油雾器的工作原理。

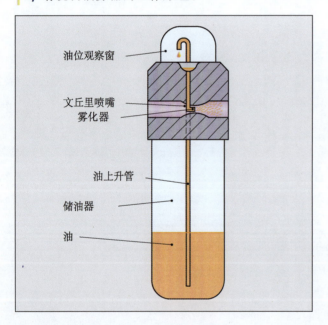

8

出现一个故障:用于压入金属轴套的气缸(2A1)可以伸出,但是无法缩回(见第 38 页图)。

a) 请列出可能导致故障的原因。
b) 如何能进一步确定故障?
c) 作为一名拥有电气控制专业资质的工业机械师,是否可以参与检测电压和更换故障零部件的工作?请回答并说明理由。

选 择 题

1

如图所示,装配工作站的气动装置显示了哪个零件?

a) 空气干燥器
b) 空压机
c) 消音器
d) 维修装置
e) 液压油净化器

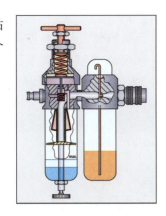

2

下列关于气动装置的说法哪项是正确的?

a) 压缩空气储存器中的水导致空压机容积变小并"持续运转"
b) 如果气动装置应用于食品工业,水可以成为润滑油的代替品
c) 气动装置不可以上油,因为油会破坏电线
d) 水可以防止零件生锈
e) 压缩空气不包含水

3

压缩空气通过净化器的顺序是什么?

a) 过滤器—调压阀—脱水器—油雾器
b) 脱水器—调压阀—过滤器—油雾器
c) 调压阀—脱水器—过滤器—油雾器
d) 油雾器—调压阀—脱水器—过滤器
e) 脱水器—调压阀—油雾器—过滤器

4

如何降低消音器的声音?

a) 通过提高空气流速
b) 通过产生反压
c) 通过产生低压
d) 通过电压场
e) 通过降低空气流速

5

根据 DIN ISO 5599,下列哪项可以标记 5/2 换向阀 1V1、2V1 或者 3V1 的排气口?

a) R   b) 1
c) 2   d) 3
e) 12

6

如图所示为液压阀的电路符号。下列关于液压阀的说法哪项是正确的?

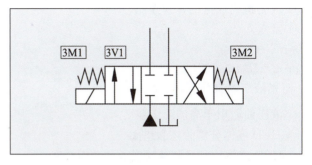

a) 该液压阀并不作为液压件生产
b) 该液压阀阻止液压油流入中间位置。双作用气缸能停在中间位置
c) 该液压阀阻止液压油流入中间位置。双作用气缸能伸出,但是无法缩回
d) 在左侧开关位置上,流动途径被阻挡在分路和两个接口中
e) 该液压阀是带零位闭锁的 5/3 换向阀

7

由于装配工作站的使用时间过长,使用旧标准名称的气动件损坏。根据旧标准,接口用字母标记。下列哪个接口用字母 S 标记?

a) 排气口   b) 压力管接口
c) 操作接口   d) 回油管接口
e) 控制接口

8

1B1、1B2、2B1、2B2、3B1 和 3B2(见第 38 页图)是什么传感器?

a) 电容传感器,所有材料接近时产生感应
b) 电感传感器,金属接近时产生感应
c) 磁传感器,感应磁体(舌簧开关)
d) 光学传感器,感应红外线的反射
e) 气体传感器,对气体产生反应

9

使用非接触式传感器检测气动缸的末端。下列哪种传感器适用于该操作?

a) 带滚动控制器的常闭接点
b) 电感传感器
c) 带滚动控制器的常开接点
d) 双金属传感器
e) 电容传感器

10
下列哪项不属于液压油的功能?
a) 传递压力
b) 润滑可移动的设备零件
c) 传递信号
d) 改善螺栓连接的密封性能
e) 减震

11
阻燃液压油有什么优点?
a) 液压油适用于高的工作温度
b) HFD 液体分解管道和垫圈
c) HFD 液体的黏度随着温度的波动而改变
d) 使泵抽吸困难
e) HFC 液体的工作温度固定

12
优化的装配工作站的齿轮泵在平均工作温度 35℃ 下工作。工作过程中,液压油的允许运动黏度在 50～100 mm²/s 之间波动。
可以用哪种液压油?

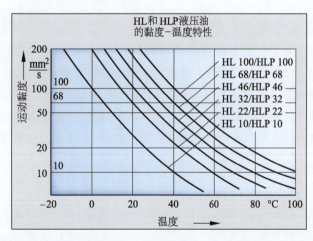

a) HL 10/HLP 10   b) HL 22/HLP 22
c) HL 32/HLP 32   d) HL 46/HLP 46
e) HL 68/HLP 68

13
下列关于液压系统"气穴现象"的说法哪项是正确的?
a) 气穴现象,即通过流动的液压油使小的材料微粒从气缸壁中分离出来
b) 气穴现象中,液压油的气泡爆裂
c) 气穴现象中,通过高流速在液压油中形成小气泡,气泡会突然消减(内爆)并因此损害管道和泵的内壁
d) 气穴现象中,会形成有利于液压油起泡的空气泡
e) 气穴现象中,流速会降低

14
金属轴套压入塑料件需要力 $F_E = 600$ N。双作用气动缸 2A1 的效率 $\eta = 0.88$。系统压力 $p_e = 6$ bar。已安装的液压缸的直径 D 为多少?
a) $D = 16$ mm   b) $D = 32$ mm
c) $D = 40$ mm   d) $D = 50$ mm
e) $D = 63$ mm

15
泵流量 $Q = 25$ min^{-1} 的润滑油流至气缸 2A1(活塞直径 $D = 20$ mm)。气缸的缩回速度是多少?
a) 221 mm/s   b) 221 cm/min
c) 2.0 mm/s   d) 957 mm/min
e) 2 653 cm/min

16
装配工作站液压装置中的压力 $p_e = 30$ bar。泵供油量 $Q = 25$ min^{-1}。气缸 2A1($D = 20$ mm, $d = 8$ mm, $\eta = 0.85$)需要多长时间伸出 150 mm?
a) 9.5 s   b) 0.158 s
c) 570 s   d) 29.4 s
e) 2 378 s

17
下列哪种泵能够调节体积流量(泵的旋转速度恒定)?
a) 齿轮泵   b) 活塞泵
c) 轴流压缩机   d) 罗茨压缩机
e) 离心压缩机

18
液压缸更换成气动压入缸 2A1 时必须铺设压力管道。下列哪种铺设方法是不允许的?

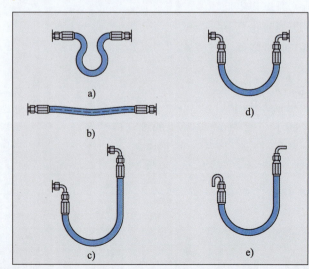

19

如图所示为气缸 1A1。气缸不小心连接错误且施加压缩空气。下列关于气缸反应的说法哪项是正确的？

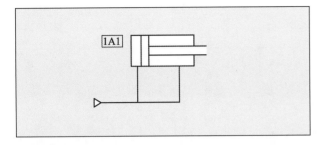

a）气缸缩回
b）气缸停在当前位置
c）出现黏滑效应
d）因为压力太大，气管爆裂
e）气缸伸出

20

如果电流通路 10（见第 38 页图）出现断线故障，下列哪项说法是正确的？

a）接触器 K7 无电压，在电流通路 1 中打开
b）气缸 1A1 不能伸出
c）再也无法识别材料
d）接触器 K7 无电压，气缸 2A1 无法缩回
e）气缸 3A1 不再缩回

21

下列关于电路图（见第 38 页图）的说法哪项是正确的？

a）电流通路 1 中的传感器 1B1 在初始位置上打开电路
b）传感器 B1 仅感应金属
c）电流通路 4 中的接触器 K2 通电时，识别零件的传感器才有电流通过
d）传感器 B2 感应金属和塑料
e）传感器 1B1 和 1B2 通过接触检测气缸末端

22

如第 38 页图所示的装置的电磁阀参数如下：$U=24$ V，$P=6.2$ W。流经线路的电流是多少？

a）0.26 A　　　　b）149 A
c）3.9 A　　　　d）0.38 A
e）2.6 A

学习领域 7：技术系统的装配

测试时间：＿＿＿＿＿＿＿＿＿＿＿＿＿＿＿　　学员：＿＿＿＿＿＿＿＿＿＿＿＿＿＿＿

辅助工具：＿＿＿＿＿＿＿＿＿＿＿＿＿＿＿　　日期：＿＿＿＿＿＿＿＿＿＿＿＿＿＿＿

指导项目：装配锥齿轮传动

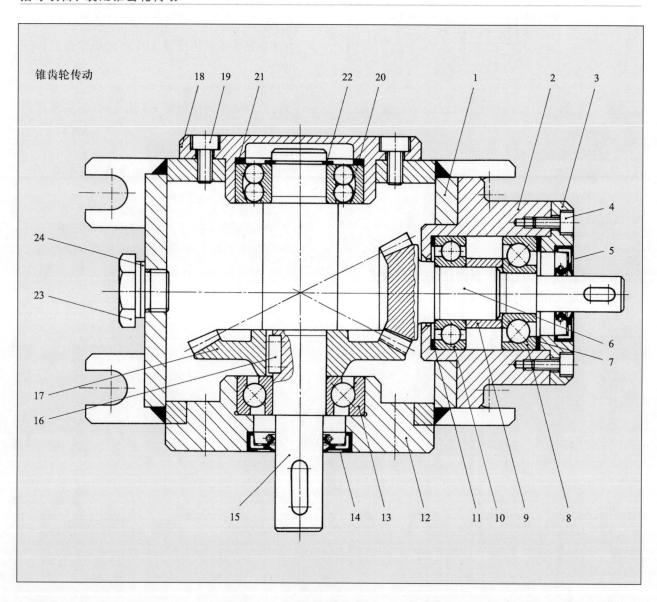

锥齿轮传动								
位置编号	数量	名　称	位置编号	数量	名　称	位置编号	数量	名　称
1	1	齿轮箱	9	1	定距环	17	1	锥齿轮
2	1	轴承箱	10	1	向心球轴承	18	1	轴承箱盖
3	1	轴承盖	11	1	调节垫圈	19	12	圆柱头螺钉
4	6	圆柱头螺钉	12	1	轴承箱盖	20	1	
5	1	径向轴密封圈	13	1	径向推力球轴承	21	1	定距环
6	1	带小锥齿轮的轴	14	1		22	1	
7	1	调节垫圈	15	1	锥齿轮轴	23	1	锁紧螺栓
8	1		16	1	滑键	24	1	平垫圈

简 答 题

1
锥齿轮轴(位置编号6)通过轴承(位置编号8和位置编号20)支承。
a) 两个轴承的名称是什么？
b) 位置编号8的轴承有哪些功能？
c) 位置编号20的轴承有哪些功能？
d) 位置编号9的零件的作用是什么？

2
扩展材料清单上锥齿轮轴(位置编号6)的材料参数为16MnCr5。
该简称是指什么材料？
请说明材料类别及其成分。

3
位置编号14和位置编号22对应的是什么零件？

4
请制订下列组件的装配计划：带轴承的小锥齿轮轴(位置编号2～10)。

5
请制订下列组件的装配计划：带轴承的大锥齿轮轴(位置编号13～17和位置编号20～22)。

6
装配锥齿轮时要调节什么？

7
将锥齿轮轴承安装至传动箱时如何完成调节工作？

8
请制订锥齿轮传动(由两个锥齿轮组件和轴承箱组成)的装配计划。

9

请绘制不同齿轮类型的草图,并标注轴线位置。

10

如何在位置编号 1 和 2 之间的接合面防止油溢出?

11

为了防止传动装置润滑油溢出,轴承箱(位置编号 2)和轴承盖(位置编号 3)之间使用哪种密封料?

12

安装径向轴密封圈时有什么特殊的注意事项?

13

用于高负荷锥齿轮传动的润滑油要满足哪些特殊要求?

14

在锥齿轮轴(位置编号 6)的轴肩上标注宽实线。

a) 通过宽实线可以显示什么?

b) 加工时,这些结构元件有什么作用?

15

零件清单中螺钉(位置编号 4)名称:圆柱头螺钉 ISO 4762-M8×20-8.8。

从螺钉名称中可以读出哪些参数?

16

采取哪些措施可以防止锥齿轮传动的轴承(位置编号 8 和位置编号 10)生锈?

17

装配时应固定螺钉(位置编号 19)。

上述情况可以使用哪种螺钉固定装置?

18

请说明锥齿轮传动功能检查的过程。并请完成功能检查的检测报告。

19

为什么在锥齿轮传动中安装滚动轴承而不是滑动轴承?

请从轴承类型的不同特性来说明选择轴承的理由。

20

锥齿轮传动的滚动轴承上会出现哪些摩擦类型?

21

锥齿轮传动的哪些零件上会出现表面压力?

22

轴承箱(位置编号 2)中轴承座的最大平均粗糙度规定为 0.8 μm。

a) 为什么要规定最大平均粗糙度？
b) 通过哪些加工方法能达到该粗糙度？

23

传动箱中的油量为 3.6 L。在锥齿轮传动的额定工作状态下，油温从 20℃ 上升到 46℃。

$\rho_{oil} = 0.91$ kg/dm³，$c_{oil} = 2.09$ kJ/(kg·K)

a) 有多少热量传递至油？
b) 若 20℃ 时轴承(位置编号 13 和 20)之间的传动轴(位置编号 15)初始长度为 468 mm，当温度升至 46℃ 时，传动轴延长多少？

24

径向推力球轴承(位置编号 13)的内环以过盈配合的方式装配至轴颈(位置编号 15)。

零 件	极限偏差/μm	
轴承内环 ϕ20P6	0	−10
轴颈 ϕ20k6	+15	+2

a) 最小过盈和最大过盈各为多少？
b) 为了使内环至轴颈的间隙至少为 10 μm，装配时轴承的内环温度至少要加热到多少？（初始温度为 20℃）

25

滑键(位置编号 16)分别与锥齿轮(位置编号 17)和轴连接。

a) 滑键有什么作用？
b) 当锥齿轮传动处于运转峰值与高负荷状态时，要使用哪些轴毂连接？

26

大锥齿轮轴上的轴承哪种属于固定轴承？哪种属于浮动轴承？

27

在哪些情况下会优先使用滑动轴承或滚动轴承？

选 择 题

1

锥齿轮传动的轴(位置编号 15)有什么作用?

a) 支承轴承箱
b) 密封轴承箱的间隙
c) 连接两个轴承箱面
d) 支承轴密封圈
e) 传递扭矩

2

锥齿轮传动的轴承(位置编号 20)叫什么?

a) 径向推力球轴承
b) 向心球轴承
c) 摆动式球轴承
d) 滚针轴承
e) 圆锥滚子轴承

3

下列哪种滚动轴承只能用于轴向负荷?

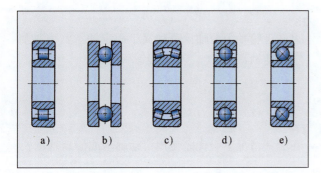

4

下列哪种零件承受图示切向负荷?

a) 仅轴
b) 仅滚动轴承的内环
c) 仅紧带轮
d) 内环和轴
e) 紧带轮和外环

5

与相同结构的滑动轴承相比,滚动轴承有什么优点?

a) 摩擦较小
b) 具有更高的负荷性能
c) 更容易装配
d) 价格较低
e) 更容易拆卸

6

如图所示,轴和皮带轮通过哪种机械零件连接?

a) 盘形弹簧
b) 轴针弹簧
c) 滑动弹簧
d) 滑键
e) 楔形键

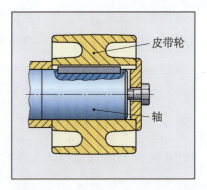

7

如图所示,左传动件和右传动件之间的连接件是什么?

a) 横楔
b) 传动楔
c) 花键轴
d) 多角轴
e) 细齿槽

8

下列关于轴毂连接的说法哪项是正确的?

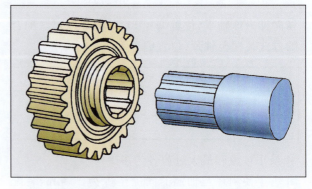

a) 该连接只能传递较小的力
b) 该连接只能满足圆周运动中的小部分要求
c) 该连接能够传递大的扭矩,完成轴向运动
d) 该连接阻碍了轴的轴向运动
e) 该连接方式只适用于传递低转速的扭矩

9

锥齿轮传动的位置编号 14 是哪种密封圈?

a) 槽形密封圈　　　　b) 填料盒密封圈
c) 径向轴密封圈　　　d) 曲径式密封圈
e) 平垫圈

10

图示属于哪种轴的密封装置?

a) 调整环
b) 锥形销
c) 锁紧环
d) 保险环
e) 保险垫片

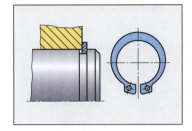

11

锥齿轮传动中锥齿轮(位置编号 6 和 17)的齿面之间是哪种摩擦类型?

a) 滚动摩擦　　　　　b) 滑动摩擦
c) 爬行摩擦　　　　　d) 流体摩擦
e) 滚动和滑动合成的摩擦

12

下列哪种润滑剂用于润滑锥齿轮传动的轴承(位置编号为 8 和 10)?

a) 人造润滑油　　　　b) 防锈润滑脂
c) 固体润滑膏　　　　d) 矿物油
e) 润滑涂层

13

下列哪些图是 V 形导轨?

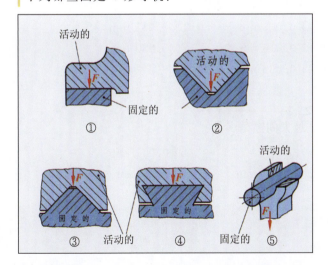

a) 图①和图②　　　　b) 图②和图④
c) 图②和图③　　　　d) 图③和图⑤
e) 图③和图④

14

一块长 120 mm 的钢制工件经过短暂加工后温度为 42 ℃。
当温度为 20 ℃ 时,使用外径千分尺测量的测量误差是多少?(钢的热线膨胀系数 $\sigma_{St}=0.000\,012\ ℃^{-1}$)

a) 0.012 mm　　　　　b) 0.029 mm
c) 0.032 mm　　　　　d) 0.044 mm
e) 0.060 mm

15

滚动环通过锥齿轮传动中球轴承(位置编号 8 和 10)的滚珠承受哪种负荷类型?

a) 拉力负荷　　　　　b) 扭转负荷
c) 弯曲力　　　　　　d) 表面压力
e) 剪切力

16

冲孔凸模上模的表面积 $A=14\ \text{mm} \times 22\ \text{mm}$,当切削力 $F=26\,200\ \text{N}$ 时,计算其表面压力 p。

16.1

下列哪项公式用于计算表面压力 p?

a) $p = F \cdot A$　　　　　b) $p = \dfrac{A}{F}$

c) $p = \dfrac{F \cdot A}{2}$　　　　d) $p = \dfrac{F}{A}$

e) $p = F + A$

16.2

下列有关 p 的计算结果哪项是正确的?

a) 36 N/mm²　　　　　b) 85 N/mm²
c) 92 N/mm²　　　　　d) 262 N/mm²
e) 308 N/mm²

17

下列哪种强度参数对于锥齿轮传动中滚动轴承的滚珠尤其重要?

a) 抗拉强度和断裂延伸率
b) 屈服极限和抗剪强度
c) 0.2% 屈服点和抗扭强度
d) 抗缺口冲压强度和抗弯曲强度
e) 硬度和抗压强度

18

锥齿轮传动的装配属于哪种装配类型?

a) 固定流水线装配　　b) 滑动流水线装配
c) 固定装配　　　　　d) 分支装配
e) 自动装配

19

下列图示配合中哪种可能出现间隙？

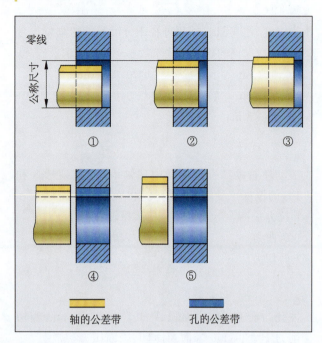

a) 仅图①
b) 仅图①和图②
c) 仅图③
d) 图①、图②、图③、图④
e) 仅图⑤

20

图示配合的最大间隙是多少？

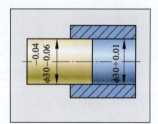

a) 0.01 mm
b) 0.04 mm
c) 0.06 mm
d) 0.05 mm
e) 0.07 mm

21

配合尺寸 28f7 的公差是多少？

配合尺寸	偏 差
28f7	−0.020 −0.041

a) 0.020 mm
b) 0.021 mm
c) 0.041 mm
d) 0.061 mm
e) −0.041 mm

22

下列关于图示的说法哪项是正确的？

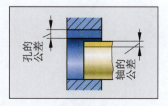

a) 图示为间隙配合
b) 图示为过渡配合
c) 图示为过盈配合
d) 图示为基孔
e) 图示为基轴

23

下列关于图示的说法哪项是正确的？

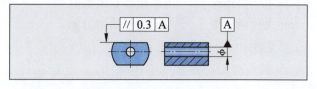

a) 工件上表面是标准件
b) 孔是公差件
c) 公差区域处于两个相互平行面之间
d) 公差值为 0.3 μm
e) 工件上表面的平整度属于公差特性

24

图示圆柱销的公差范围是多少？

a) H8
b) h11
c) d7
d) m6
e) H7

25

已确定配合 φ40H7/j6 的最大偏差和最大间隙。

配合	上极限偏差	下极限偏差
φ40H7	+25	0
φ40j6	+11	−5

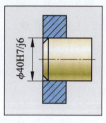

25.1

最大过盈是多少？

a) 0.005 mm b) 0.011 mm
c) 0.016 mm d) 0.030 mm
e) 0.036 mm

25.2

最大间隙是多少？

a) 0 b) 0.011 mm
c) 0.016 mm d) 0.030 mm
e) 0.036 mm

学习领域 8：数控机床的加工

测试时间：_____   学员：_____

辅助工具：_____   日期：_____

指导项目：锥齿轮轴的轴承

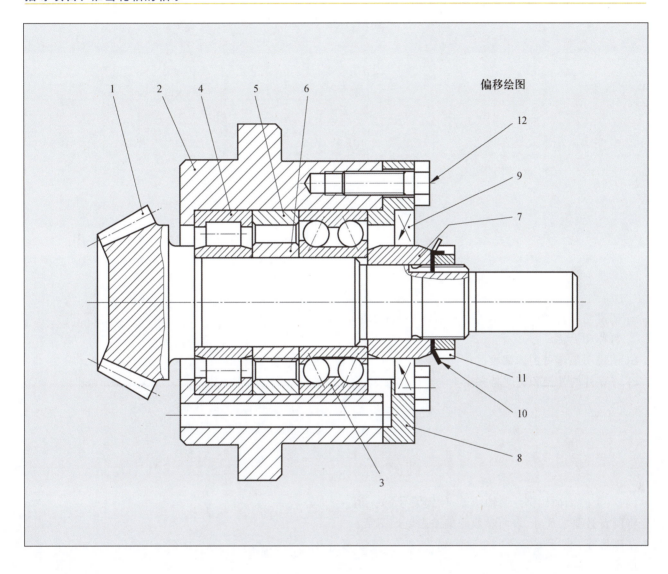

偏移绘图

锥齿轮轴的轴承							
位置编号	数量	名称	材料/标准简称	位置编号	数量	名称	材料/标准简称
1	1	锥齿轮轴	34CrMo4	7	1	轴套	S275JR
2	1	轴承箱	S275JR	8	1	轴承盖	S275JR
3	1	径向推力球轴承	DIN 628-3206	9	1		DIN 3760-AS38×62×7-NB
4	1	圆柱滚子轴承	DIN 5412-NU2206	10	1	止动垫圈	DIN 5406-MB5
5	1	定距环	S275JR	11	1		DIN 981-KM5
6	1	定距环	S275JR	12	4	六角螺栓	ISO 4017-M8×20-8.8

简 答 题

1

a) 请说明零件清单上零件(位置编号9)的DIN名称和简称。

b) 请借助图纸说明装配尺寸。

c) 该标准件由什么材料加工而成?

2

a) 请说明零件清单上零件(位置编号11)的DIN名称和简称。

b) 请说明该零件的内螺纹。

c) 该零件的外径和宽度是多少?

3

以2∶1的剖面比例绘制轴承盖(位置编号8)。请将所有必要的尺寸、表面参数和偏差表填入图纸。

基础尺寸：ϕ95-0.2×ϕ52×16 mm。

倒角：1×45°。

轴肩尺寸：ϕ62g6×5-0.05。

镗孔(位置编号9)：零件清单上的尺寸。

长度公差：±0.2 mm,配合根据《简明机械手册》。

倒角：1.5×10°。

螺栓孔圆周：ϕ80±0.2。

普通公差：ISO 2768-m。

表面：最大粗糙度3.2 μm。

4

请编写位置编号8内部加工的CNC程序。

a) 请借助图纸计算两个倒角1.5×10°之间的直径。

b) 请编写内轮廓精加工的CNC程序。

刀具：带转位式刀片P10的镗刀T06,κ=95°,刀具位于旋转中心后面。

夹具：弹簧夹头 ϕ62 mm。

工件零点：前端面。

启动状态：G90,G95。

换刀点：X100,Z100。

5

现代车床配有 CNC 控制器，其构造与传统车床不同。

a) 哪些电机用于驱动工作主轴？
b) 用于进给传动装置的主轴有什么特点？
c) 机床床身有什么特性？
d) 哪种控制类型对于车削锥体和圆是必要的？
e) 如何确定 CNC 车床的轴？
f) 车床上附加的 C 轴有哪些优点？

6

图示轴套（位置编号 7）在 CNC 车床上加工而成。

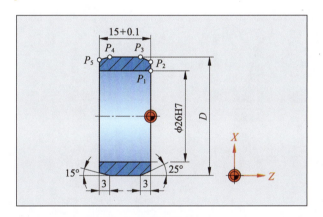

a) 缺少的额定尺寸 D 是多少？
b) 点 P_1 至 P_5（路径条件 G90，工件零点右端面）的坐标尺寸是什么？
c) 请编写 P_1 与 P_5 之间轮廓的 CNC 精加工程序。车刀位于 X24/Z2。

7

图示锥齿轮轴（见第 53 页图位置编号 1）的右侧在 CNC 车床上加工而成。

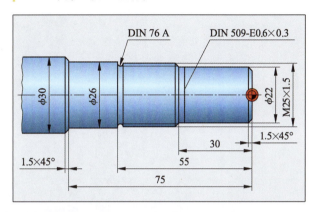

a) 请创建锥齿轮轴（见图）粗车和精车加工的子程序调用以及精加工轮廓（无退刀槽）的相关子程序。
b) 通过 $v_c = 120$ m/min 车削锥齿轮轴的螺纹。机床参数 $K = 600$ min^{-1}。请确定螺纹车削循环参数。
c) 如何编写子程序中退刀槽（根据 DIN 509）的程序语句？

9

图示双臂曲柄在CNC加工中心上加工而成。请确定用于编程的点 P_1 至 P_7 坐标的绝对尺寸。

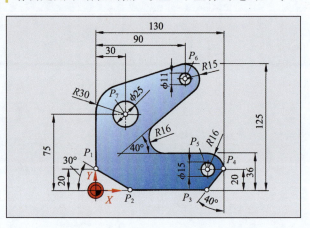

8

轴承盖（位置编号8）的孔在CNC铣床上加工而成。

a) 钻孔循环如何分类？
b) 选择哪种钻孔循环？
c) 请创建加工四个钻孔的子程序调用，钻孔子程序循环调用刻度盘（工件零点是右端面的中心）和工具T11。

10

如图所示为铣削腐蚀电极的外轮廓。请根据 DIN 66025 和下列参数编写 CNC 程序。

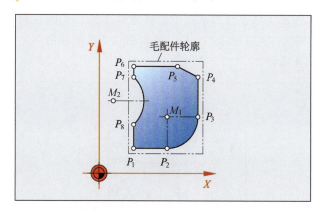

电极材料：Cu99.99。

刀具：立铣刀，直径 10 mm，3 刀刃（T1）。

铣削深度：8 mm。

铣削类型：带铣刀半径补偿的逆铣。

原点：X0，Y0，Z100。

启动状态：G90；G94；G17。

转速：$n = 3\ 550\ \text{min}^{-1}$。

进给速度：$v_f = 550$ mm/min

坐标尺寸如下表：

	P_1	P_2	P_3	P_4	P_5
X	10	22	34.5	34.5	24.474
Y	10	10	22.5	34.5	40
	P_6	P_7	P_8	M_1	M_2
X	10	10	10	22	3.5
Y	40	36.246	19.754	22.5	28

选 择 题

1

在 NC 程序中完成板材（见图）点 P_2 至点 P_3 铣削路径的编程。下列哪项 N80 程序语句是正确的？（启动条件 G90）

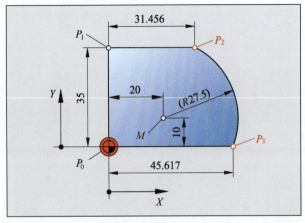

a) N80　G02　X45.617　Y0　120　　　J10
b) N80　G02　X45.617　Y0　114.161　J7.5
c) N80　G02　X45.617　Y0　111.456　K25
d) N80　G02　X45.617　Y0　111.456　J—25
e) N80　G02　X45.617　Y0　111.456　J25

2

如果加工位置控制为快速移动且没有走刀，则 NC 机床中哪种控制是有效的？

a) 2 轴轮廓控制
b) 3 轴轮廓控制
c) 点位控制
d) 直线控制
e) 2½-D-轮廓控制

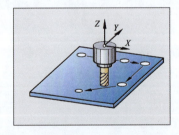

3

图示工件通过 NC 机床加工而成。下列哪种控制类型最合适？

a) 点位控制或直线控制
b) 直线控制或轮廓控制
c) 仅轮廓控制
d) 仅直线控制
e) 点位控制或直线控制或轮廓控制

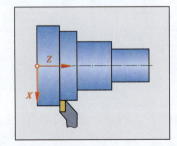

4

图示工件上铣刀从孔中心快速移动到长孔的左侧中心（绝对尺寸 G 90）。下列哪项 NC 程序语句是正确的？

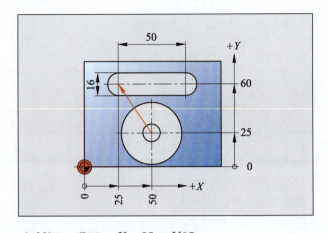

a) N10　G00　X—25　Y35
b) N10　G01　X—35　Y85
c) N10　G00　X25　　Y60
d) N10　G00　X—25　Y60
e) N10　G00　X25　　Y85

5

图示轨迹中 NC 机床的路径条件是什么？

a) G00
b) G01
c) G02
d) G03
e) G90

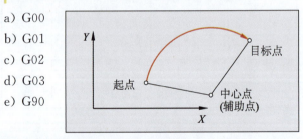

6

下列关于 NC 机床参考点的说法哪项是正确的？

a) 该参考点位于机床坐标轴的交点
b) 该参考点可以由程序员自由设定
c) 该参考点是工件路径修正的基准点
d) 该参考点是工件尺寸的基准点
e) 机床重启时必须驶向该参考点

7

下列关于车削半径 R5 的 N120 编程语句哪项是正确的？（提示：刀具位于车削中心后方）

a) N120　G3　X40　Z—15　15　K0
b) N120　G2　X40　Z—15　15　K0
c) N120　G3　X40　Z—15　10　K—5
d) N120　G2　X35　Z15　　10　K5
e) N120　G3　X35　Z15　　10　K5

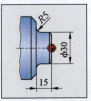

8

图中用 ⊕ 标记的点叫什么？

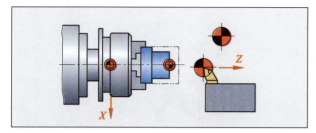

a) 刀具零点　　　　b) 参考点
c) 机床零点　　　　d) 工件零点
e) 程序零点

9

请计算图示法兰中孔 1 的坐标值 X 和 Y。

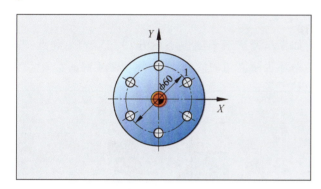

9.1

哪些三角函数可用于该计算？

a) 正弦和正切　　　b) 正弦和余弦
c) 正切和余弦　　　d) 正切和余切
e) 正弦和余切

9.2

下列哪项计算结果是正确的？

a) $X=30.00$ mm，$Y=15.00$ mm
b) $X=25.98$ mm，$Y=30.00$ mm
c) $X=15.00$ mm，$Y=25.98$ mm
d) $X=25.98$ mm，$Y=15.00$ mm
e) $X=30.00$ mm，$Y=25.98$ mm

10

触发 CNC 机床上轴-刀架溜板运动的信号来自哪里？

a) 操作员　　　　　b) 行程测量系统
c) 控制器　　　　　d) 换刀系统
e) 驱动电机

11

下列关于 CNC 铣床零点和基准点的配对的说法哪项是正确的？

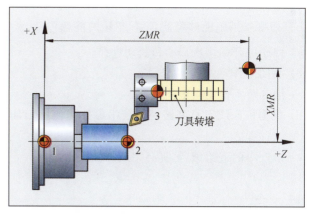

a) $1 \triangleq$ 工件零点 W
b) $2 \triangleq$ 刀架基准点 T
c) $3 \triangleq$ 机床零点 M
d) $4 \triangleq$ 参考点 R
e) 上述配对均不正确

12

车削件在 CNC 车床上加工而成。

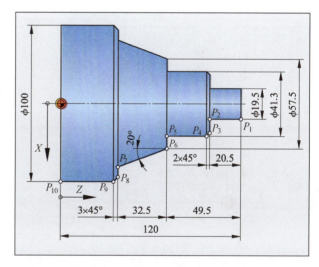

12.1

P_7 绝对尺寸的坐标尺寸是什么？

a) X 19.5　　　Z 20.5
b) X 37.3　　　Z 99.3
c) X 39.3　　　Z 95.5
d) X 39.3　　　Z 97.5
e) X 41.3　　　Z 22.5

12.2

P_6 绝对尺寸的坐标尺寸是什么？

a) X 68.6　　　Z 35
b) X 69.3　　　Z 82
c) X 77.5　　　Z 38
d) X 79.7　　　Z -82
e) X 81.2　　　Z 38

13

下列哪条措施能够降低 CNC 机床的能耗?

a) 程序中开始多次启动和制动过程
b) 关闭工作室的照明
c) 加工时不使用切削液
d) 根据机床或刀具和路径的技术参数优化切削加工过程
e) 以较小的进给编程,提高刀具的使用寿命

14

为什么 CNC 车床上使用强化的滚动导轨?

a) 该导轨可以自动调整
b) 导轨不需要等待时间
c) 该导轨不会变脏
d) 该导轨的噪音比滑动导轨小
e) 运转时该导轨的摩擦值比滑动导轨小

15

P_3 绝对尺寸的坐标尺寸是什么?

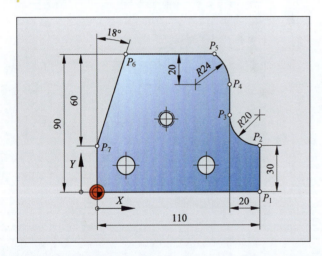

a) X 18   Y 90
b) X 18.5   Y 90
c) X 90   Y 50
d) X 40.5   Y 90
e) X 57.1   Y 90

16

下列关于和增量式行程测量系统连接的参考点的说法哪项是正确的?

a) 该参考点是 CNC 机床的坐标系原点
b) 该参考点是机床坐标系的起始点
c) 控制器启动后参考点在各轴上运动
d) 该参考点根据已实施的程序测试设定
e) 该参考点由操作员设定

17

图示属于哪种行程测量系统?

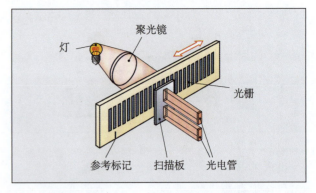

a) 间接式,绝对式   b) 间接式,增量式
c) 直接式,绝对式   d) 直接式,增量式
e) 绝对式

18

如果车刀位于车削中心后方,关于点 P_0 到点 P_1 循环程序语句的说法,下列哪项是正确的?

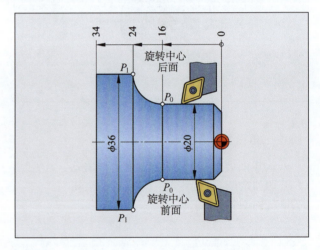

a) G3   X18   Z−24   I−8   K0
b) G2   X36   Z−24   I8   K0
c) G3   X36   Z−24   I0   K−8
d) G2   X18   Z−24   I0   K0
e) G2   X36   Z−24   I0   K0

19

下列哪种结构单元属于灵活加工系的核心件?

a) 置于中心的刀具库
b) 工件托盘交换装置
c) 刀具托盘交换装置
d) 一台或者多台 CNC 车床
e) 自动刀具测量系统

20

下列哪个点表示工件加工周期结束?

a) 周期的起点
b) 工件零点
c) 参考点
d) 加工的终点
e) 该点可以由程序员选择

21

使用哪项 G 功能可以调用 CNC 程序的左侧轮廓刀尖半径补偿?

a) G40　　　　　　b) G02
c) G90　　　　　　d) G41
e) G42

22

CNC 机床的控制需要指令。
下列哪种 CNC 功能字属于开启指令?

a) G40　　　　　　b) M08
c) F0.5　　　　　　d) X100
e) T101

23

使用下列哪项 G 功能可以转换成增量尺寸?

a) G90　　　　　　b) G91
c) G00　　　　　　d) G40
e) G41

24

根据 PAL 循环铣削时,使用哪项 G 功能可以调用带断屑和排屑的深孔钻循环?

a) G81　　　　　　b) G82
c) G83　　　　　　d) G84
e) G85

25

根据 PAL 循环铣削时,使用哪项 G 功能可以调用多孔圆盘的循环?

a) G75　　　　　　b) G76
c) G77　　　　　　d) G78
e) G79

26

根据带有地址字母"D"的 PAL 循环进行螺纹切削循环 G31 时调用哪项参数?

a) 螺尾点　　　　　b) 螺距
c) 螺纹超程　　　　d) 切削刃的数量
e) 螺纹深度

学习领域 9：技术系统的维修

测试时间：＿＿＿＿＿＿＿＿＿＿＿＿＿＿＿　　学员：＿＿＿＿＿＿＿＿＿＿＿＿＿＿＿

辅助工具：＿＿＿＿＿＿＿＿＿＿＿＿＿＿＿　　日期：＿＿＿＿＿＿＿＿＿＿＿＿＿＿＿

指导项目：车床中出现故障的定心顶尖

车床的定心顶尖在运转过程中出现嘎嘎作响的噪音并变热。

您收到师傅的委托：维修定心顶尖。除此之外，您要完整地检查并保养车床，因为最近由于人员紧缺该车床无法按计划工作。

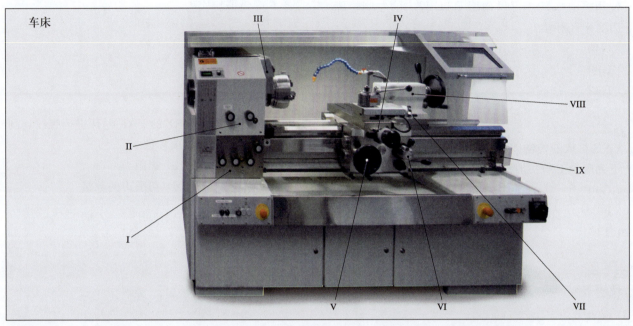

车床

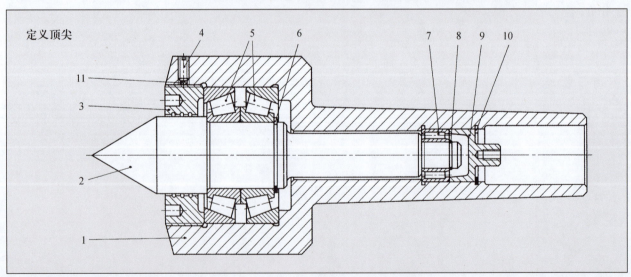

定义顶尖

定心顶尖									
位置编号	数量	名称	材料/标准简称	位置编号	数量	名称	材料/标准简称		
1	1	锥套	45Cr2	7	1		DIN 617-Na 4901		
2	1	定心顶尖	17CrNi6-6	8	1		DIN 9045-12		
3	1	双孔螺栓	M64×1.5SI	9	1	隔片	E295		
4	1		ISO 4766-M5×10-5.8	10	1		DIN 472-25×1.2		
5	2		DIN 720-30206	11	1	垫板	硫化纤维 φ4×4		
6	1		DIN 471-30×15						

简 答 题

1
请说明检查和维修的区别。

2
有三种不同的维护方案。
a) 请列举不同的维护方案并用自己的语言加以描述。
b) 定心顶尖的维修属于哪种维护方案？请说明理由。
c) 请列举题 b)维护方案的优缺点。

3
检查和维修车床时要注意和实施哪些基本安全措施？

4
请命名车床Ⅲ～Ⅴ和Ⅶ的机床部件并说明每个部件的维护工作。

5
请补充定心顶尖零件清单中缺少的名称。

6
请画出检测零件或机床系统性故障的流程图。

7

请写出维修定心顶尖的各个步骤。

8

定心顶尖的轴承结构包括位置编号 5 和 7。
a) 位置编号 5 的轴承有什么特殊优点？
b) 位置编号 7 的轴承有什么特殊优点？
c) 哪个轴承承受定心顶尖的轴向拉力？
d) 如果两个轴承中的一个（位置编号 5）装反了，会导致什么后果？

9

零件（位置编号 4）有什么作用？

10

请创建定心顶尖的拆卸流程。

11

维护费用由哪些费用组成？

12

下图描述了维护费用和亏损费用的关系，费用与车床检查间隔期的次数有关。
请在下图画出总费用的曲线，并确定总费用最低时检查间隔期的次数。

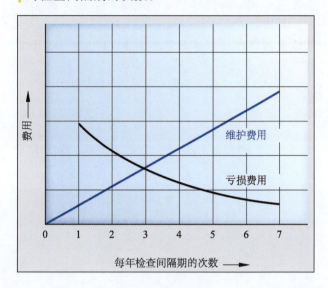

13

拆除定心顶针后发现，圆锥滚子轴承的接触面已磨损，如图所示。

a) 请列出导致磨损的四个原因，并用自己的语言加以说明。
b) 图示接触面的磨损归因于哪种磨损？
c) 请列出可能导致接触面磨损的原因。

d) 为什么确定接触面磨损的原因很重要?

16
安装新的圆锥滚子轴承之前要使用润滑剂。润滑剂有哪些作用?

17
机械零件间可能出现哪些摩擦状态?请解释不同的摩擦状态。

18
根据聚集状态的不同,润滑剂可以划分为三类。请说明三类润滑剂及其聚集状态。

14
请用自己的语言解释"圆锥滚子轴承的磨耗允许量"。

19
请解释"黏度"的概念。

15
若您要订购一个新的圆锥滚子轴承。
a) 订购时要说明哪些参数?
b) 如果零件清单丢失,订购圆锥滚子轴承时应说明哪些数据?

20
选择哪种润滑剂润滑圆锥滚子轴承?请说明理由。

21

保养计划中确定轴承的润滑剂为 K2K-20 润滑剂。请解释 K2K-20。

22

除了轴承接触面磨损外,定心顶尖(位置编号 2)的顶也已磨损。

a) 定心顶尖由什么材料制成?

b) 如何理解位置编号 2 的材料 17CrNi6-6?

c) 硬质合金顶的定心顶尖有什么优点?

23

更换定心顶尖的磨损件后,必须重新装配定心顶尖。请创建装配流程。

24

如何调整定心顶尖圆锥滚子轴承(位置编号 5)间隙?

25

完成定心顶尖的装配后要制订验收报告。

a) 验收报告应包含哪些数据?

b) 由谁填写上述定心顶尖维护工作的验收报告?

选 择 题

1

由位置编号 5 的简称 DIN 720-30206（见零件清单）可以推断出什么？

a) 轴承 06 系列的圆锥滚子轴承
b) 轴承 720 系列的圆锥滚子轴承
c) 圆锥滚子轴承的直径为 720
d) 圆锥滚子轴承的直径为 72.0
e) 圆锥滚子轴承遵循 DIN 720，轴承系列 302（轴承类别 3，宽度序列 0，直径 2），孔参数 06

2

定心顶尖零件清单中位置编号 11 的材料规定为"硫化纤维"。"硫化纤维"由哪种原料组成？

a) 纸纤维　　　　b) 天然橡胶
c) 明胶　　　　　d) 碳
e) 铁

3

如何理解刀具的"磨耗允许量"？

a) 现有润滑剂的存储量
b) 车间里刀具的库存量
c) 刀具的磨耗损失量
d) 刀具每个月的磨耗量
e) 车间里损坏刀具的库存量

4

如何理解维护中的"使用时间"？

a) 机器生产零件需要的时间
b) 维护需要的时间
c) 切削刃的磨锋时间
d) 从机器投入使用到磨耗量用完的时间
e) 刀具运行的时间

5

如何得知车床（见指导项目）的维修参数？

a) 根据机床的使用手册
b) 根据 DIN 31051（维护的基础）
c) 始终由师傅预先规定维护规则
d) 并不存在关于车床的维修参数
e) 根据车床的采购合同

6

从车床维修规则中无法推断哪项内容？

a) 保养间隔期
b) 亏损费用
c) 要使用的润滑剂
d) 更换不同零件的注明时间
e) 装配规则（如螺栓的拧紧扭矩）

7

车床的电工技术文件中有主轴电机连接电路图（见下图）。该图描绘了哪种电机类型？

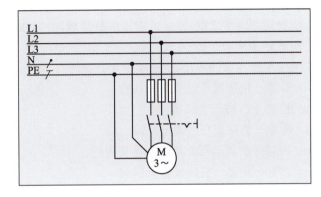

a) 三相电机　　　　b) 直流电机
c) 230 V 交流电机　d) 步进电机
e) 单相感应电机

8

如图所示，电器设备上用 X 标记的位置是什么故障？

a) 短路
b) 接地
c) 磁路
d) 线圈短路
e) 接机壳

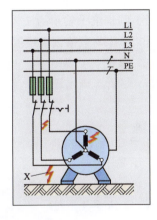

9

检查和保养车床期间无法进行生产工作。如何计算机床的生产亏损费用？

a) 维护费用加上购置备件的费用
b) 原料的费用加上人工费用
c) 升级费用加上保养费用
d) 检查费用加上加工费用
e) 机床的小时成本费用乘以停机时长

10

检查定心顶尖时不包含哪项内容？

a) 制定检查清单　　b) 记录检查结果
c) 更换磨损零件　　d) 推导必要的措施
e) 评估检查结果

11
如何理解"自主维护"?
a) 由一个外国公司完成维护工作
b) 不存在维护规则
c) 在操作正确的前提下,任何一个机床操作员都能完成维护工作
d) 只允许技师完成维护工作
e) 由企业内部人员完成维护工作

12
维护定心顶尖之前,维修员需了解故障概况,并按照计划实施操作。
关于工作步骤的顺序,下列哪项是正确的?
a) 拆卸－机床操作员提问－检验
b) 检验－拆卸－尝试运行
c) 拆卸－尝试运行－确定故障
d) 拆卸－尝试运行－机床操作员提问
e) 测量－拆卸－机床操作员提问

13
定心顶尖发生故障可能是由操作失误引起的。下列哪项不属于操作失误?
a) 车床/定心顶尖过载运行
b) 圆锥滚子轴承的安装存在误差
c) 车床的数值设置错误
d) 忽视安全规则
e) 尽管车床出现故障,仍继续工作

14
定心顶尖的故障原因可能是保养失误。下列哪项不属于保养失误?
a) 使用了错误的润滑剂   b) 没有清理切屑
c) 车床润滑不足   d) 没有修正导轨间隙
e) 使用了错误的备件

15
定心顶尖的故障原因可能是维修失误。下列哪个选项不属于维修失误?
a) 圆锥滚子轴承安装错误
b) 圆锥滚子轴承的安装存在误差
c) 车床/定心顶尖过载运行
d) 使用了错误的备件
e) 定心顶尖的拆卸存在误差

16
如果定心顶尖的维修员必须在时间紧迫的情况下工作,下列哪项说法是正确的?
a) 时间紧迫不会影响到定心顶尖的维修质量
b) 维修员无法按照预定时间表休息
c) 会特别重视工作安全
d) 维修工作的质量会受到影响

17
如何理解机床上的"裂解槽"?
a) 负荷状态下零件断裂
b) 机床拆卸时断裂产生的槽
c) 如果机床过载,机床零件会断裂
d) 机器里未断裂的零件
e) 机器里最昂贵的零件

18
更换定心顶尖的圆锥滚子轴承(位置编号5)。
下列哪种方法不可以用于装配?
a) 使用保护锤小心地将轴承捶入定心顶尖
b) 通过液压机将轴承塞入定心顶尖
c) 借助冲击套筒和保护锤小心地将轴承捶入定心顶尖
d) 通过加热工艺加热轴承并将其塞入定心顶尖
e) 通过机械压力机将轴承塞入定心顶尖

19
报告中记录了车床的维护工作。
这份报告有什么作用?
a) 确定车床的故障类型和故障频率
b) 仅用于证明车床的系统性维护工作
c) 学习总结报告中好的表达方式
d) 只对接下来的审计工作来说是重要的
e) 只是个体维修员领计时工资的工作证明

20
圆锥滚子轴承(位置编号5)的孔尺寸:$\phi 30.0 - 0.012$. 轴承位置的定心顶尖直径:$\phi 30 g6$。
关于最大间隙和最小过盈的结果,下列哪项是正确的?
a) $P_{SH} = -0.005 / P_{üH} = 0.020$
b) $P_{SH} = -0.007 / P_{üH} = -0.020$
c) $P_{SH} = 0.020 / P_{üH} = -0.005$
d) $P_{SH} = 0.000 / P_{üH} = -0.012$
e) $P_{SH} = -0.020 / P_{üH} = -0.013$

21
机床运行期间,操作员能够直接完成短期检查。
下列哪项说法是错误的?
a) 通过观察窗可以检查液位
b) 电机和主轴的运转声音可以通过听觉识别
c) 表面粗糙度可以通过触觉和视觉识别
d) 轴承的润滑度可以通过目检识别
e) 烧损的密封圈可以通过嗅觉识别

学习领域 10：技术系统的生产和调试

测试时间：_____ 学员：_____

辅助工具：_____ 日期：_____

指导项目：手钻变速器

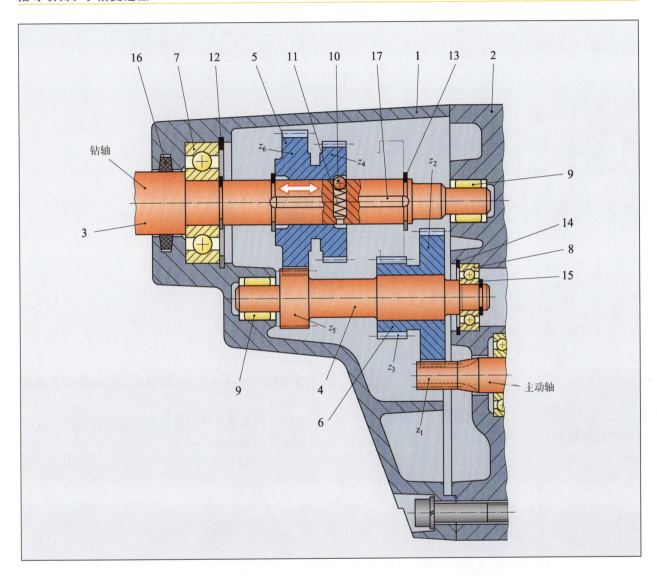

锥齿轮传动								
位置编号	数量	名　称	位置编号	数量	名　称	位置编号	数量	名　称
1	1	变速箱	7	2	向心球轴承	13	2	挡圈
2	1	变速器盖	8	1	向心球轴承	14	1	挡圈
3	1	主轴	9	2	滚针轴承	15	12	挡圈
4	1	传动轴	10	1	止动球	16	1	密封圈
5	1	拨块	11	1	压力弹簧	17	1	滑键
6	1	齿轮组	12	1	挡圈			

简 答 题

1
借助断面图和零件清单能够了解手钻变速器各个零部件之间的相互作用。
请描述手钻变速器的作用和工作原理。

2
技术系统的变速器有哪些基本功能？
请分别举例说明各个基本功能。

3
与换挡性能相关的机械式变速器分为哪三种？

4
第 69 页图中手钻变速器为齿轮传动。在其他应用情况中，变速器不通过齿轮传递转矩。
请列举其他两种传递转矩的方式及其优点和应用实例。

5
传动轴（位置编号 4）在技术系统"手钻"中承担动轴的主要功能。
a) 请描述传动轴的负荷类型。

b) 请说明动轴和静轴之间的区别并列出静轴的两个应用实例。

6
手钻通过交直流两用电机驱动。
请说明该电机类型及其传动特性。

7
与手钻的传动不同，机床的主轴传动要满足其他一些要求。
主轴必须满足哪些要求？哪种结构的电机通常能满足这些要求？

8
手钻的交直流两用电机转速为 $5\,000\ \text{min}^{-1}$。两级变速器的齿轮齿数如下：$z_1=10, z_2=48, z_3=22, z_4=32, z_5=18, z_6=42$，见第 69 页图。
a) 请计算齿轮标记位置上变速器的总传动比。
b) 请计算第 2 个变速挡位（拨块，位置编号 5，右侧）的总传动比。
c) 请计算上述两种情况下钻轴的转速（n_e）。

d) 中间轴两个齿轮的(z_5和z_2)承受力 $F_1=1.2$ kN，$F_2=3.2$ kN。那么两个轴承(位置编号 9 和 8)要承受多大的力？

11

单片离合器的摩擦片直径 $D=380$ mm，$d=190$ mm。接触力 $F_A=8.5$ kN，当前摩擦片的摩擦因数 $\mu=0.6$。

a) 请计算摩擦力 F_R。
b) 请计算摩擦力矩 M_R。

12

一些离合器可以概括为"安全离合器"。
a) 安全离合器的主要功能是什么？
b) 请说明两种不同类型的安全离合器。

9

很多技术系统如传动单元和变速器之间或者变速器和工作单元之间存在联轴器。
a) 请列出联轴器在技术系统中的三个功能。
b) 与换挡性能相关的联轴器分为哪两种？

13

使用哪种安全离合器可以确保机床运转更加安全？
请举例说明该安全离合器。

10

在汽车领域使用的传统单片离合器中，扭矩通过"摩擦接合"传递。
a) 如何理解"摩擦接合"？
b) 请描述单片离合器的工作原理。

14

a) 请以 1∶1 比例绘制手钻的传动轴(位置编号 4)。使用直尺可以从下图提取出尺寸。

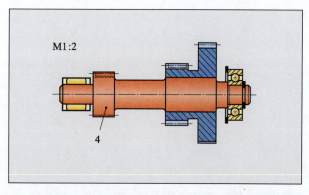

b) 请确定两个轴承座和齿轮座所需的配合类型以及相应的配合尺寸,并按标准将其标注到图纸上。

c) 请以表格的形式说明传动轴的配合尺寸,包括公差等级、额定尺寸、偏差和极限尺寸。

d) 请查明传动轴轴承座需要的热处理。并在机械图纸上注明相关信息。

15

为了使齿轮齿面有较长的使用寿命,需要对手钻的齿轮组(位置编号 6)淬火。

a) 如果对齿轮齿面进行表面淬火,建议使用哪种材料的齿轮组?

b) 请列出其他两种表面淬火的方法。

c) 请分别说明上述三种方法的优缺点,并各举一例。

选 择 题

1

变速器的供给功率为 35.7 kW,消耗功率为 25 kW。请计算两齿蜗杆传动的效率 η。

1.1

下列哪项公式用于计算效率(%)?

a) $\eta = \dfrac{P_2 \cdot 100}{P_1}\%$ 　　b) $\eta = \dfrac{P_1 \cdot P_2}{100}\%$

c) $\eta = \dfrac{100}{P_1 \cdot P_2}\%$ 　　d) $\eta = \dfrac{P_1}{100 \cdot P_2}\%$

e) $\eta = \dfrac{P_1 \cdot 100}{P_2}\%$

1.2

下列效率的计算结果哪项是正确的?

a) 10.7% 　　b) 25%

c) 35.7% 　　d) 60.7%

e) 70%

2

计算图示圆柱齿轮传动的轴距 a。

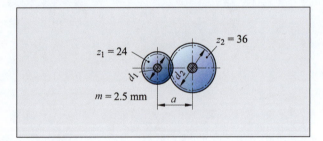

2.1

下列哪项公式用于计算轴距 a?

a) $a = \dfrac{2 \cdot (z_1 + z_2)}{m}$ 　　b) $a = \dfrac{z_1 + z_2}{2 \cdot m}$

c) $a = \dfrac{2 \cdot (z_1 + m)}{z_2}$ 　　d) $a = \dfrac{z_1 \cdot (z_2 + 2)}{m}$

e) $a = \dfrac{m \cdot (z_1 + z_2)}{2}$

2.2

下列哪项计算结果是正确的?

a) 30 mm 　　b) 60 mm

c) 75 mm 　　d) 90 mm

e) 150 mm

3

图示 V 形皮带传动的总传动比达到 0.1(1∶10)。

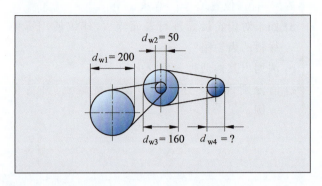

3.1

下列哪项公式用于计算总传动比?

a) $i = \dfrac{d_{w2} \cdot d_{w3}}{d_{w1} \cdot d_{w4}}$ 　　b) $i = \dfrac{d_{w1} \cdot d_{w4}}{d_{w2} \cdot d_{w3}}$

c) $i = \dfrac{d_{w1} \cdot d_{w2}}{d_{w3} \cdot d_{w4}}$ 　　d) $i = \dfrac{d_{w2} \cdot d_{w4}}{d_{w1} \cdot d_{w3}}$

e) $i = \dfrac{d_{w1} \cdot d_{w3}}{d_{w2} \cdot d_{w4}}$

3.2

最后一个 V 形皮带轮的有效直径 d_{w4} 是多少?

a) 32 mm 　　b) 48 mm

c) 64 mm 　　d) 80 mm

e) 96 mm

4

齿轮齿面是哪种几何曲线?

a) 渐开线 　　b) 摆线

c) 抛物线 　　d) 双曲线

e) 椭圆形

5

图中用 c 标记的是什么齿轮尺寸?

a) 外径

b) 齿高

c) 齿顶高

d) 齿顶间隙

e) 齿距

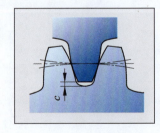

6

图示是什么连接件?

a) 盘形弹簧

b) 轴针式弹簧

c) 滑动弹簧

d) 滑键

e) 楔形键

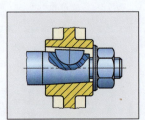

7

图示是什么联轴器？

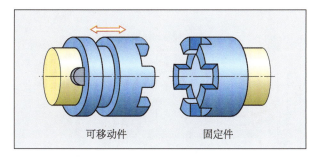

a）筒形联轴器　　　b）圆盘联轴器
c）万向接头联轴器　d）爪形联轴器
e）锥形联轴器

8

图示是什么齿轮传动？

a）带有外齿的圆柱齿轮传动
b）螺旋齿轮传动
c）蜗杆传动
d）锥齿轮传动
e）带有内齿的圆柱齿轮传动

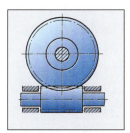

9

下列哪项正确显示了圆柱齿轮副？

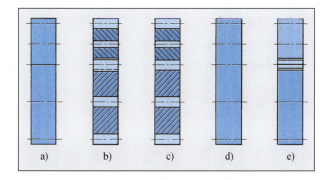

10

图示是什么机械元件？

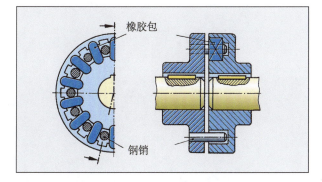

a）万向接头　　　b）电磁联轴器
c）滚针接头　　　d）弹性联轴器
e）离合联轴器

11

图示加工机床不适用于哪项工作？

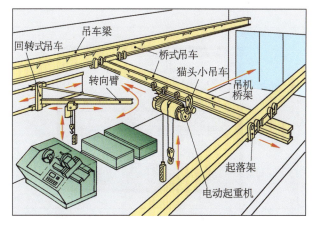

a）升高重物　　　b）转换能量
c）装卸货物　　　d）运输重的工件
e）装配机床

12

下列哪项示意图是指固定排量的旋转液压泵？

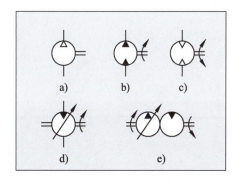

13

下列关于图示液压泵的说法哪项是正确的？

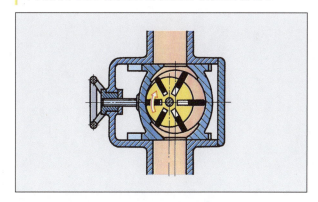

a）液压泵以最大功率从上往下运输
b）液压泵以最小功率从上往下运输
c）液压泵以最大功率从下往上运输
d）液压泵以最小功率从下往上运输
e）该液压泵是定量泵

14

机床主传动电机的额定功率牌上标注了如下图所示的相关参数。

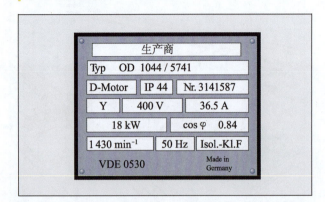

14.1
在额定工作状态下,从电网中获取的电功率是多少?

a) $P_e = 14.76$ kW   b) $P_e = 18$ kW
c) $P_e = 18.84$ kW   d) $P_e = 19.24$ kW
e) $P_e = 21.24$ kW

14.2
电机的效率 η 是多少?

a) 55%   b) 65%
c) 75%   d) 85%
e) 95%

15

如图所示,该运转特性正确描述了哪种传动?

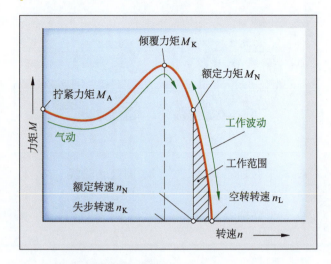

a) 三相交流同步电动机
b) 直线电动机
c) 步进电动机
d) 三相交流异步电动机
e) 直流电动机

16

下列哪项元件不属于安全装置?

a) 机床的舱门
b) 压床防护栅栏
c) 急停按钮
d) 机床上的安全联轴器
e) 传动轴上的滑键连接

学习领域 11：产品和工序的质量监督

测试时间：_____ 学员：_____

辅助工具：_____ 日期：_____

指导项目：角传动器的车削件

图示车削件通过 CNC 机床批量生产。为了证明生产质量，选择直径 19－0.1 作为质量标准。需要测量 40 个零件样品并将结果记录到数据一览表。

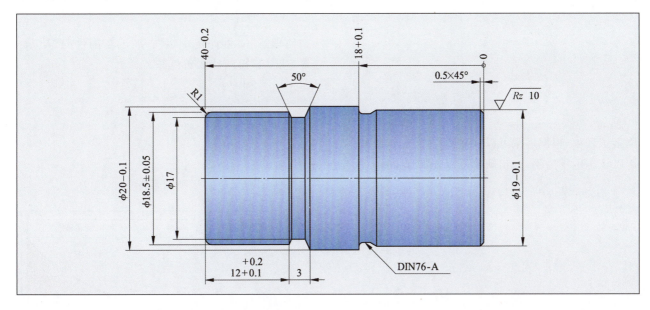

					数据一览表					
偏差编号	x_1	x_2	x_3	x_4	x_5	x_6	x_7	x_8	x_9	x_{10}
1～10	18.959	18.967	18.939	18.975	18.958	18.946	18.963	18.966	18.971	18.984
11～20	18.955	18.959	18.974	18.972	18.969	18.971	18.972	18.952	18.985	18.959
21～30	18.935	18.935	18.978	18.922	18.962	18.981	18.999	18.992	18.971	18.942
31～40	18.982	18.980	18.959	18.961	18.949	18.951	18.965	18.968	18.959	18.946

简 答 题

1
请解释"质量"的概念。

2
"数量"和"质量"特性有什么区别？车削件有哪些质量特性？

3
质量工程中，根据后果可以将缺陷分为三个等级。请以该车削件为例，列出缺陷等级并加以说明。

4
有大量因素会影响车削件的加工过程和结果。这些因素被称为"7M 因素"。请利用石川图（鱼骨图）说明车削件的"7M 因素"。

5
请以车削件为例解释"产品审核"的概念。

6
如何理解"质量评定小组"？加工车削件时"质量评定小组"扮演什么角色？

7
如图所示为十进制规则示意图。

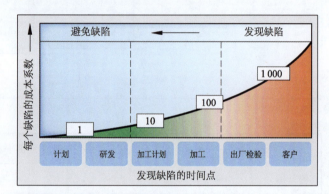

a) 十进制规则阐明了什么关系？
b) 请以该车削件为例说明十进制规则。

8

如何理解质量管理中应用的质量工具?请举例说明。

9

故障模式和影响分析(FMEA)的目标是什么?

10

确定测量值之前需要制订检测计划。请制订车削件的检测计划,包含必要的参数。

11

a) 请根据原始数据制定车削件检验标准 19-0.1 的计数线统计表,并确定必要的尺寸。

b) 请查明或计算绝对频率、相对频率和累计频率。

12

请确定 19-0.1 的公差上限和公差下限。请作出相对频率(题 11)的直方图。

13

请确定直方图(题 12)中的测量值是否在公差范围内。请说明理由。

14

请在直方图(题 12)中画出分布曲线。

15

请根据原始值计算出算数平均值、偏差范围和标准偏差。

16
抽样检查(题14)的分布曲线为正态分布。
请在分布曲线中填写：算术平均值、±1 s 和 ±4 s（带频率百分比）标准偏差、公差中线。

17
如何理解 ±4 s 时标准偏差 99.994% 的频率？

18
针对曲线情况(题16)，CNC 车床的操作员要采取什么措施？

19
请检测，正态分布的数据分散时是否可以批量生产车削件？请说明理由。

20
哪些工艺影响因素是系统性的？哪些是偶然性的？

21
系统性和偶然性因素如何影响正态分布？

22
通过机床能力检验(MFU)可以检测机床批量生产特定零件的精准度。机床能力检验(MFU)期间要遵守哪些过程影响因素？

23
加工车削件外径 20－0.1 时应实施机床能力检验(MFU)。批量抽样 50 个零件时得出以下数据：算术平均值 $\bar{x}=19.954$ mm，标准偏差 $s=0.0108$ mm。

23.1
请在分布曲线中画出公差极限(上限、下限)、公差中线以及假设的正态分布曲线(高斯分布曲线)。

23.2
请在正态分布中注明标准偏差和 Δ_{krit}（$\bar{x}$ 到公差极限的较小间距）。

23.3
请计算机床能力指数 C_m 和 C_{mk}。

23.4
机床是否适用于车削件的加工过程？请说明理由。

24
从 3 个样品(每个样本 10 个零件)车削件的尺寸评估 40－0.2，得出下列概率曲线的数据。

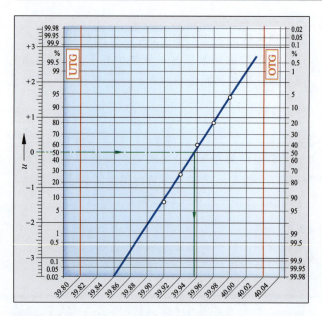

24.1
抽样时有正态分布吗？请说明理由。

24.2
请确定算术平均值。

24.3
计算时是否存在有缺陷的零件？如果存在，预计存在多少有缺陷的零件？

选 择 题

1

质量控制卡有什么作用？

a）确定成品工件的平均值
b）提高加工过程的生产率
c）找出加工过程中的故障原因
d）记录一个批次的工件数量
e）持续监督加工过程

2

图示属于什么图表？

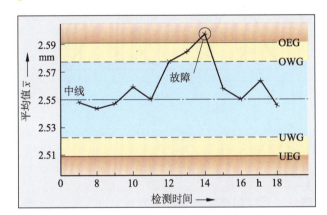

a）公差范围　　　　b）缺陷收集卡
c）锻造区域　　　　d）应力曲线
e）质量控制卡

3

在算术平均值质量控制卡上车削件的加工过程显示了下列进程。该进程属于哪种典型进程？

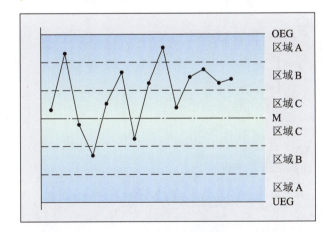

a）自然过程　　　　b）走向
c）趋势　　　　　　d）中部1/3
e）周期

4

在算术平均值质量控制卡上车削件的加工过程显示了下列进程。该进程属于哪种典型进程？

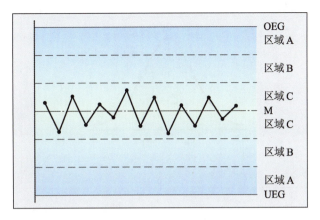

a）自然过程　　　　b）走向
c）趋势　　　　　　d）中部1/3
e）周期

5

下图属于哪种图表？

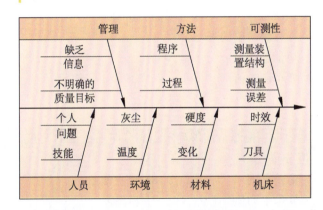

a）流程图　　　　　b）工艺流程图
c）鱼骨图　　　　　d）树状图
e）矩形图

6

图示属于哪种图表？

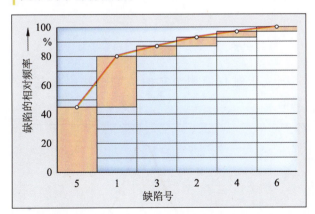

a）流程图　　　　　b）工艺流程图
c）鱼骨图　　　　　d）树状图
e）帕累托图

7

如图所示,用"1"标志的区间属于正态分布的哪项数值?

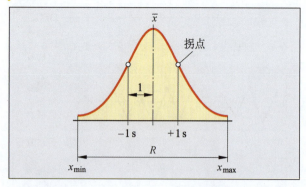

a) 平均值　　　　　　b) 标准偏差
c) 偏差范围　　　　　d) 模态值
e) 公差中线

8

抽样的正态分布中间数值可以说明什么?

a) 根据大小排列的各单值的平均值
b) 检测批量中最频繁出现的测量值
c) 所有测量值的平均值
d) 单值的数量
e) 最小测量值

9

通过哪项测量值能够确定正态分布曲线中的测量值分布?

a) 偏差范围　　　　　b) 标准偏差
c) 算术平均值　　　　d) 模态值
e) 中间数值

10

在正态分布 $\bar{x} \pm 3\,s$ 内的零件比例是多少?

a) 95.44%　　　　　b) 68.26%
c) 100%　　　　　　d) 99.73%
e) 99.994%

11

下列关于过程能力分布曲线的说法哪项是正确的?

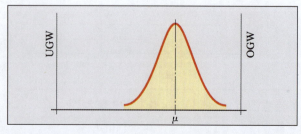

a) 因为数值处于 UGW 和 OGW 之间,过程仅在控制中,不具备能力
b) 过程既不具备能力,又未受控制
c) 数值分布略分散;过程具备能力,在控制中
d) 因为数值分布较低,过程具备能力,但是平均值偏向 OGW,因此未受控制
e) 因为定准中心,过程在控制中

12

根据过程能力分布曲线可以得出哪项 C_{pk} 值?

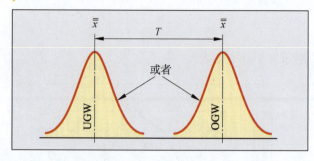

a) $C_{pk}=0$　　　　　　b) $C_{pk}=1$
c) $C_{pk}=1.33$　　　　d) $C_{pk}=1.66$
e) $C_{pk}=0.5$

13

测量表面涂层厚度时得出下列结果:
17.9 μm、17.5 μm、18.7 μm、19.0 μm、18.8 μm。

13.1

中间数值是多少?

a) $\bar{x}=18.7\ \mu m$　　　b) $\bar{x}=18.8\ \mu m$
c) $\bar{x}=17.5\ \mu m$　　　d) $\bar{x}=17.9\ \mu m$
e) $\bar{x}=19.0\ \mu m$

13.2

算术平均值是多少?

a) $\bar{x}=18.2\ \mu m$　　　b) $\bar{x}=18.38\ \mu m$
c) $\bar{x}=18.00\ \mu m$　　d) $\bar{x}=1.5\ \mu m$
e) $\bar{x}=0.65\ \mu m$

13.3

偏差范围是多少?

a) $R=0.8\ \mu m$　　　　b) $R=1\ \mu m$
c) $R=1.5\ \mu m$　　　　d) $R=18.3\ \mu m$
e) $R=0.64\ \mu m$

13.4

标准偏差是多少?

a) $s=18.38\ \mu m$　　　b) $s=1.5\ \mu m$
c) $s=0.55\ \mu m$　　　　d) $s=0.65\ \mu m$
e) $s=0.646\ \mu m$

13.5
抽样规模是多少?

a) $n=1$
b) $n=5$
c) $n=10$
d) $n=20$
e) $n=0$

14
机床能力检验(MFU)的相关数据:检验标准 ϕ30m6,算术平均值 30.011 mm,标准偏差 1.0 μm。则 C_m 和 C_{mk} 数值是多少?

a) $C_m=2.16, C_{mk}=1.3$
b) $C_m=1.16, C_{mk}=1.3$
c) $C_m=2.16, C_{mk}=1.0$
d) $C_m=1.00, C_{mk}=1.0$
e) $C_m=2.16, C_{mk}=2.3$

15
质量控制卡上使用哪些简称标注警告界限值?

a) OGW 和 UGW
b) OEG 和 UEG
c) GWO 和 GWU
d) WGO 和 WGU
e) OWG 和 UWG

学习领域 12：技术系统的维护

测试时间：_____ 学员：_____

辅助工具：_____ 日期：_____

指导项目：用于工件钻孔的翻转式钻模

使用翻转式钻模加工零件时出现尺寸偏差。

您收到师傅的委托：维护翻转式钻模，确保成品工件符合质量要求。

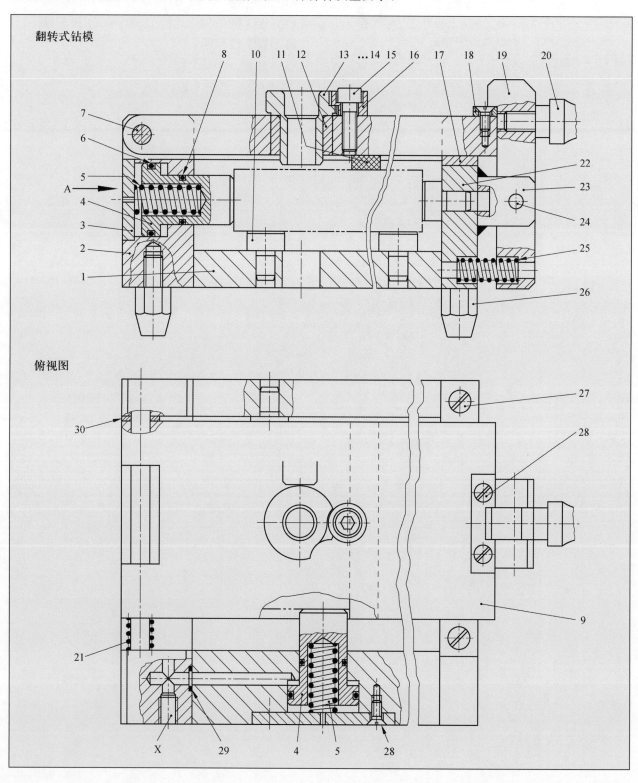

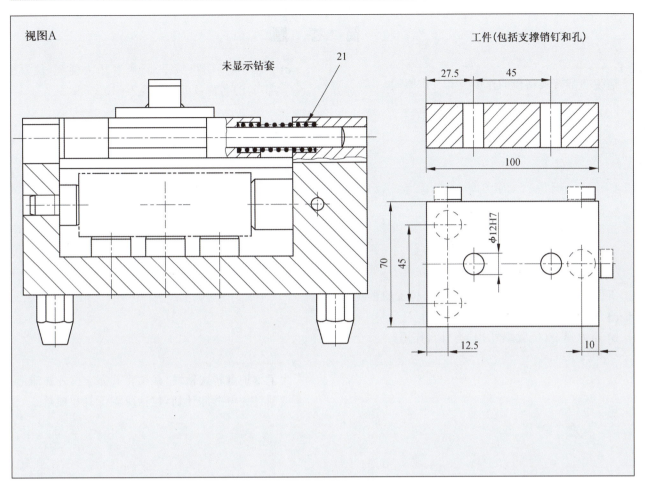

翻转式钻模							
位置编号	数量	名称	材料/规格	位置编号	数量	名称	材料/规格
1	1	底座	S235JR	16	2	紧固套	DIN 173-10.1×16
2	1	侧板	S235JR	17	1	垫板	C70U
3	2	盖子	S235JR	18	1	垫板	C70U
4	2	活塞	20MnCr5	19	1	安全栓	S355JR
5	2	压力弹簧	DIN 2098-2×10×55	20	1	球状手把	DIN 98-E20-FS
6	2	圆形垫圈	DIN 3770-25×3.15 B-NB70	21	1	压力弹簧	DIN 2098-1.6×10×40.5
7	1	定位销	ISO 8734-8×130-A-St	22	1	侧板，与位置编号23焊接	S235JR
8	2	圆形垫圈	DIN 3770-16×2.5 B-NB70	23	1	轴承，与位置编号22焊接	S235JR
9	1	盖板	S235JR	24	1	定位销	ISO 8734-6×35-A-St
10	6	支撑销钉	DIN 6321-A16×8	25	1	压力弹簧	DIN 2098-1.6×8×45
11	1	压紧件	硬橡胶	26	4	支承脚	DIN 6320-15×M8
12	2	钻套	DIN 179-A18×16	27	2	沉头螺钉	ISO 2009-M5×10-St
13	1	快换钻套	DIN 173-K6×18×20	28	10	沉头螺钉	ISO 2009-M4×10-St
14	1	快换钻套	DIN 173-K11.8×18×20	29	1	圆形垫圈	DIN 3770-5.6×1.6 B-NB70
15	2	圆柱头螺钉	ISO 4762-M6×20-10.9	30	1	圆盘	C70U

简 答 题

1
请说明翻转式钻模的作用及其工作原理。

2
工件孔的位置受盖板(位置编号9)位置的影响。
a) 哪个零件用于引导盖板？
b) 压力弹簧(位置编号21)有什么作用？

3
在翻转式钻模上可以自动定位工件的高度和侧面。
a) 为了定位工件的高度，钻模需要多少个支撑销钉(位置编号10)？
b) 为什么支撑销钉间隔较远？
c) 有哪些位置被确定？

4
第86页俯视图中用X标记的底座孔有什么作用？

5
请说明固定和松开工件时压缩空气和压力弹簧(位置编号5)的作用。

6
压力弹簧(位置编号5)位于活塞中(位置编号4)。
a) 压力弹簧有哪些作用？
b) 为什么定位时压缩空气的压力不会影响活塞？
c) 请借助《简明机械手册》解释压力弹簧(位置编号5)的名称：DIN 2098-2×10×55。

7
为了维护翻转式钻模，必须将其完全拆开并清洁。请制订一份拆卸计划，包括所需工具和辅具。

8
重新装配之前，哪些磨损件可能要通过新零件替换？

13

为什么要实施故障分析？请列出三个原因。

14

请说明实施故障分析的过程。

9

维修翻转式钻模的首要操作是什么？

10

为什么要进行故障维修？这种故障维修有哪些优缺点？

11

如图所示，发现压力弹簧（位置编号 5）断裂。

a) 该弹簧断裂属于哪种断裂形式？
b) 请列出可能导致弹簧断裂的原因。
c) 请提出预防弹簧断裂的改善措施。

15

将钻套（位置编号 12～14）安装至盖板（位置编号 9）。

a) 钻套有哪些作用？
b) 钻套（位置编号 12）属于哪类钻套？
c) 请解释快换钻套（位置编号 14）的名称。
d) 根据快换钻套（位置编号 14）的名称可以得出哪些参数？
e) 钻套具有开口半径是出于什么原因？
f) 为什么快换钻套（位置编号 14）的直径 $d_1 = 11.8$ mm？

12

断裂的弹簧（位置编号 5）会导致钻孔件加工出现缺陷吗？请说明理由。

17

检查时发现钻套(位置编号 12)一侧出现磨损痕迹。

a) 磨损会导致钻孔件加工出现缺陷吗？请说明理由。
b) 如何改善钻套的材料？

16

快换钻套(位置编号 13 和 14)由渗碳钢制成，接着淬火硬化至 780±40HV10。

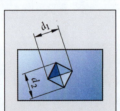

a) 如何理解"渗碳钢"？
b) 请说明快换钻套(位置编号 13、14)硬化处理的方法。
c) 通过维氏硬度检验法可以测量硬度。
   测量压痕的对角线 $d_1=0.15$ mm, $d_2=0.16$ mm。维氏硬度是多少？
d) 测量值是否在公差范围内？

18

垫板(位置编号 17 和 18)由 C70U 制成。

a) 根据材料名称可以得出哪些信息？
b) 请说明选择该材料的理由。
c) 如果材料的表面硬度为 HRC58，请说明材料的热处理方法。
   (提示：此处可查阅《简明机械手册》中热处理的相关知识)

19

利用硬度检验法可得出硬度为 HRC58。

a) 是哪种硬度检验法？说明该硬度检验的过程。
b) 如何检测淬火时产生的裂痕？

20

翻转式钻模中安装了各种垫圈。

a) 如何区别圆形垫圈（位置编号 6）与圆形垫圈（位置编号 29）？

b) 请借助《简明机械手册》查明圆形垫圈的材料。

c) 垫圈（位置编号 6 和 8）磨损的原因可能是什么？

d) 磨损的垫圈会导致钻孔件加工出现缺陷吗？请说明理由。

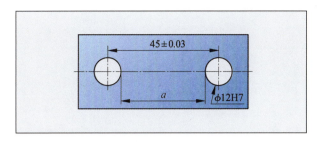

请计算最大尺寸 a_H 和最小尺寸 a_M。

21

导致钻孔出现缺陷的原因应记录在帕累托图中。

a) 如何理解"帕累托图"？

b) 与其他图表相比，帕累托图有什么优点？

c) 绘制帕累托图时，如何确定导致钻孔缺陷的原因？

22

维护的方案多种多样。

a) 请提出翻转式钻模的维护方案。

b) 请说明选择上述维护方案的原因。

23

维修翻转式钻模后测试孔（见图）尺寸的精密性。

24

统计评估工件孔距 a（见上题图）的偏差。

取出 10 个抽样用于统计评估，每个抽样由 5 个工件组成，见下表。

检验时间 /min	测量值/mm				
	x_1	x_2	x_3	x_4	x_5
1	32.98	33.00	32.99	32.97	33.00
2	33.00	32.96	32.98	32.99	33.01
3	32.99	32.98	32.99	33.00	32.97
4	32.98	32.97	33.00	32.98	32.99
5	32.99	32.99	32.96	33.01	33.02
6	33.00	32.98	33.01	32.99	33.02
7	32.99	33.00	33.02	32.99	32.99
8	32.99	32.99	32.98	33.01	32.97
9	32.97	32.99	33.00	32.98	32.99
10	32.99	32.95	32.96	32.97	32.98

a) 请制作测量值的计数线统计表。

b) 请绘制工件孔距的矩形图。

c) 请利用表中数据绘制 $\bar{x}$ -质量控制图。

25
维修后应将翻转式钻模交付至生产部门。
a) 请编写一份翻转式钻模的交付报告。
b) 交付过程要注意什么?

26

由于翻转式钻模需要维修,停机期间企业无法生产工件,存在生产损失。

a) 企业的生产损失会产生哪些费用?

b) 为了避免因翻转式钻模损坏而出现生产损失,您有什么建议性措施?

27

企业想批量生产并销售翻转式钻模。销售翻转式钻模之前,必须理清与生产和销售相关的法律法规。

a) 必须遵守产品责任法。该条法律规定了什么?

b) 如何定义"产品"的概念?

c) 哪种情况下,产品生产商无需对产品负责?

d) 涉及产品责任问题时,市场营销起决定性作用。哪种情况下产品视为"流通"?

e) 核算产品生产的成本时需要填补哪些信息?

28

维护时可能直接或间接地产生维护费用。

a) 请区分维护的直接费用和间接费用。

b) 请举例说明直接费用和间接费用。

29

客户订单分为内部订单和外部订单。

a) 请解释内部订单。

b) 请解释外部订单。

c) 维修翻转式钻模时要完成哪种类型的客户订单(内部或外部)?

30

如何区分大型企业、中型企业以及小型企业中的维护策略?

选择题

1
核算钻模的维护成本。成本核算中无须说明哪些信息？
a) 材料费用估算
b) 耗时估算
c) 完成时间
d) 机床生产损失的估算
e) 待实施工作的说明

2
哪种硬度检验法会测量钢球的压痕深度？
a) 布氏硬度检验 HBW
b) 洛氏硬度检验 HRB
c) 洛氏硬度检验 HRC
d) 布氏硬度检验 HBS
e) 维氏硬度检验 HV

3
下列哪种材料检验法不具备破坏性？
a) 布氏硬度检验　　b) 杯突试验
c) 光谱分析　　　　d) 张力试验
e) 磁粉检测

4
翻转式钻模钻套（位置编号 12）的哪项检测值可以通过下图检验法在测试纸上显示？

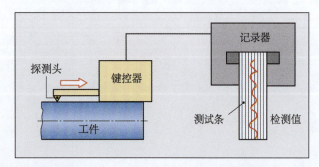

a) 粗糙度　　　　b) 布氏硬度
c) 洛氏硬度　　　d) 硬化深度
e) 结构形式

5
通过试验研究弹簧（位置编号 25）的疲劳强度。疲劳强度试验时可以确定哪项数值？
a) 交变载荷　　　　b) 拉伸疲劳负荷
c) 断裂振动次数 N　　d) 电压振幅
e) 载荷压力波动

6
通过拉力试验能够确定活塞材料的一些参数。

6.1
通过拉力试验能够直接测量哪些数值？
a) 应力 σ 和延伸率 ε
b) 屈服强度 R_e
c) 拉力 F 和长度变化 Δl
d) 抗剪强度 τ_{aB}
e) 各表面 A 的拉力 F

6.2
通过拉力试验曲线图可以确定哪些参数？
a) 深拉性和韧性　　　b) 屈服强度和抗拉强度
c) 可锻性　　　　　　d) 抗剪强度和抗压强度
e) 损耗的冲击功

7
用于求误差率的帕累托法则说明了什么？
a) 70/30 法则
b) 要有信任，但是有控制更好
c) 工件应完全按照要求生产
d) 80% 的误差由 20% 的误差原因产生
e) 数据的正态分布也称作"帕累托法则"

8
下列哪项措施不属于翻转式钻模的维护？
a) 更换磨损的零部件
b) 改善翻转式钻模的操纵性
c) 清洁翻转式钻模
d) 润滑移动的零部件
e) 更换后检测新钻套（位置编号 12~14）的硬度

9
下列哪项费用属于维护的间接费用？
a) 检查费用
b) 折扣费用
c) 实际购置成本
d) 故障导致的后续费用
e) 保养费用

10
翻转式钻模的维护费用由哪些费用组成？
a) 翻转式钻模的实际购置成本和折扣费用
b) 保养、检查和维修费用

c) 维修期间所有工人的工资
d) 燃油费和维修的总费用
e) 清除维护时所需润滑剂的费用

11

翻转式钻模经过维护之后可以正常运转并且"保证质量"。
如何理解该"质量"的概念?
a) "质量"是精致昂贵的产品
b) "质量"是指在选择加工工艺时满足客户需求
c) "质量"是产品生产商给工人下达的预先规定值
d) "质量"就是"malus pravus"的翻译
e) "质量"是指满足客户需求的产品总特性

12

检测成品工件时发现,翻转式钻模经过维护之后工件孔的位置有问题。如图所示,下列哪项原因可能会导致该孔的问题?

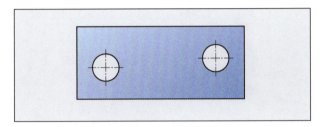

a) 气缸压力设置得过高
b) 弹簧(位置编号 25)断裂
c) 球状手把(位置编号 20)没有被拧紧
d) 底座(位置编号 1)太薄
e) 侧面的支撑销钉由于钻屑而高度不同

13

如图所示为工件孔。如何调整翻转式钻模?

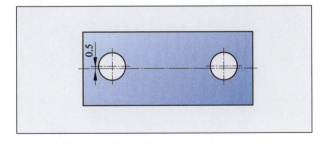

a) 必须将气缸的压力减少 0.5 bar
b) 必须将圆盘(位置编号 30)更换成一个比原来厚 0.5 mm的圆盘
c) 必须将快换钻套(位置编号 13)旋转 30°
d) 必须将压紧件(位置编号 11)更换成一个比原来厚 0.5 mm 的压紧件
e) 必须将气缸的弹簧更换成一个刚度较低的弹簧

14

如果您所在公司生产的翻转式钻模开始销售,那么公司将承担"产品责任"。如何理解"产品责任"?
a) 所谓客户的产品责任,是指错误使用产品导致的人员伤亡和财产损失
b) 生产商有责任向买方/使用者提供完好无缺的商品
c) 所谓生产商的产品责任,是指使用了缺陷产品导致的人员伤亡和财产损失
d) 所谓生产商的产品责任,是指错误使用产品导致的人员伤亡和财产损失
e) 生产商有责任按照规定使用标志说明或介绍产品

15

您所在公司生产的翻转式钻模将进行销售。根据产品责任法,如果翻转式钻模造成损失,公司应承担相关责任。下列哪种情况可以免除责任?
a) 销售前检查翻转式钻模是否有缺陷
b) 没有将警告和安全标志附在翻转式钻模上
c) 翻转式钻模在公司中被盗窃
d) 公司已履行生产商的责任
e) 进货检验时检测供应件并发现缺陷,告知供应商已安装的零件有缺陷

16

下列哪项责任不属于翻转式钻模生产商的责任?
a) 监督按规定使用产品的责任
b) 设计责任:设计时避免出现损坏
c) 加工责任:检查翻转式钻模的加工过程和状态均无缺陷
d) 说明责任:生产商应以合适的方式在产品上(使用说明书中)附上安全和警告标志
e) 产品监管责任:产品在市场上销售后,生产商应监管产品,并且在产品可能导致危险时,及时采取措施

17

为什么将产品责任和质量管理紧密相连?
a) 产品责任是质量管理的一部分
b) 在质量管理中会定期确定并记录下列事项:产品变更、质量检测报告、合格性和负荷的测试报告
c) 在 DIN EN ISO 9000 中进一步解释产品责任法
d) 质量管理就是产品责任
e) 产品责任法中要求引入质量管理

学习领域 13：自动化系统运行能力的保障

测试时间：_____　　学员：_____

辅助工具：_____　　日期：_____

指导项目：用于圆盘形毛坯件钻孔的电气动控制设备

说明：通过电气动控制的钻孔设备在圆盘形工件上钻孔。设备由旋转台、垂直运动的钻机、夹具以及装载毛坯件的料仓组成。按下按钮 S1 后，通过单作用气缸夹紧圆盘形毛坯件。活塞的伸出速度是可调节的。夹紧后开始自动钻孔。双作用钻孔气缸的伸出速度是可调节的。出于安全因素，夹紧毛坯件时钻孔气缸必须位于上侧终端。

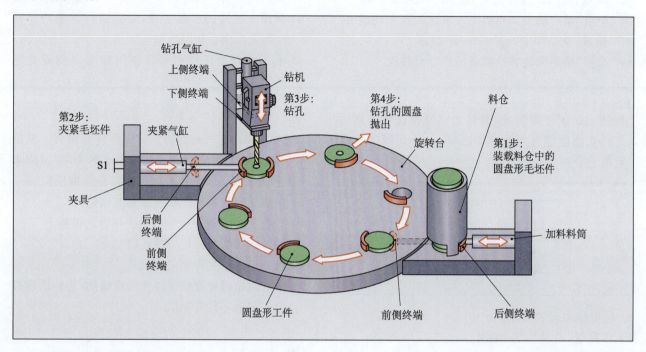

简 答 题

1

与气动回路相比,电气动回路有哪些优点?请列出三点。

2

夹具上的单作用气缸(见第96页图)由电气动控制,信号器直接放在执行器前。按下启动按钮时,活塞缩回。

a) 请将原理图补充完整。
b) 该按钮布置有什么缺点?

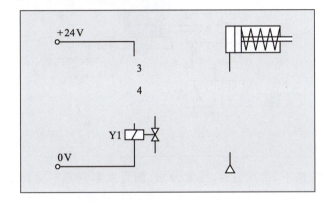

3

请更改题2中的继电接触器控制电路,在电路中装一个弹簧可重置的执行器。

4

在继电接触器控制电路中,输入信号经常通过接触器或者继电器传递。请描述接触器的工作原理。

5

到达夹紧气缸前侧终端后,钻机自动伸出(见第96页图)。如果钻孔气缸已到达前侧终端(到达钻孔底部),钻孔气缸和夹紧气缸会重新缩回。

a) 需要哪种方法控制钻孔气缸的信号器?
b) 请通过这些数据将题3中的电路图补充完整。

6

控制器分为手动控制器、路径控制器、时间控制器或者路径/时间控制器。
题5中控制器属于哪种类型?请说明理由。

7

除了根据指导项目说明的功能以外,还可以从第二个位置启动钻孔工作站。

a) 连接两个位置的电路属于哪种连接类型?
b) 请将题5电路图补充至该电路中。

9

加工工作站在加工过程中应满足下列条件：

钻机在前侧终端的停留时间	2 秒
单作用气缸 1A1 进程	3 秒
双作用气缸 2A1 进程	5 秒
单作用气缸 1A1 回程	1 秒
双作用气缸 2A1 回程	2 秒

为了记录和保养设备，该过程要以路程-时间图表的形式显示。请绘制该图表。

项目说明的补充：用于圆盘形工件的钻孔设备应加装一个料仓。

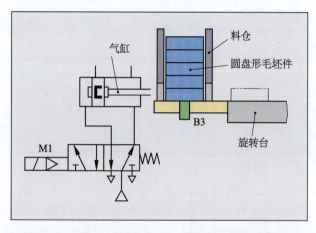

按下 S1 按钮时，活塞伸出，圆盘从料仓推至旋转工作台。如果未按下停止按钮且传感器 B3 感应到料仓内仍有工件，活塞会伸出。如果料仓内没有工件，警示灯 P1 亮。

8

部分控制装置可以延时启动。请描述该电路的功能流程。

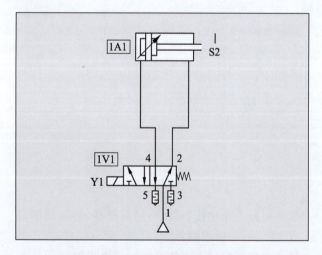

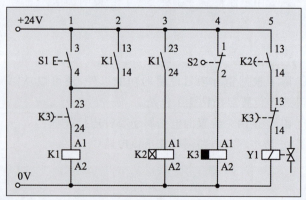

10

a) 请列出四种传感器类型。
b) 请说明适用于识别塑料工件的传感器类型。

11

a) 控制器有多少个输入和输出（见第 9 题图）。
b) 请制定一张分配表。

12

料仓控制器（见第 9 题图）作为可编程控制器使用。请绘制可编程控制器的接线图（电路图）。

13

分配表有什么作用？

14

可编程控制器中的"标志位"有什么作用？

15

请编写料仓控制器的 PLC 程序。
a) 功能图（FUP）。
b) 语句表（AWL）。

16

料仓的可编程控制器需要优化。快速按下启动按钮 S1，活塞自行伸出、缩回。按下停止按钮 S2，活塞立即缩回，警示灯 P1 亮起。

分配表、符号表		
符号	位置	注释/功能
B3	E124.0	传感器，常开，料仓内的工件
S1	E124.1	启动按钮，常开
S2	E124.2	停止按钮，常开
1B1	E124.3	舌簧传感器，常开，活塞已缩回
1B2	E124.4	舌簧传感器，常开，活塞已伸出
DB	M100.0	持续运行的标志位
M1	A124.0	5/2 换向阀，单稳态，活塞伸出
P1	A124.1	警示灯

a) 请用功能区块图编写 PLC 程序。
b) 请用功能图编写 PLC 程序。

18

为了确定工业机械手的操作任务,请列出相关参数或者功率特征。

19

工业机械手装有抓具。哪种抓具用于装载圆柱形工件?

钻孔设备的装载备用

17

为了将零件装入钻模,也可以使用下图机械手。

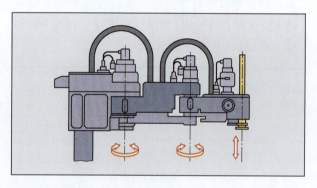

a) 请说明机械手的类型。
b) 机械手显示了哪种运动学原理?
c) 为什么这种机械手适用于装载钻孔件?请解释原因。
d) 请绘制机械手工作空间的草图。

20

机械手通过接口(见第 17 题图)与钻模连接。标准接口分为哪三种?

21

技术文档中有钻孔设备的相关描述。
a) 技术文档有什么作用?
b) 技术文档包含哪些信息?
c) 技术文档包含哪些资料?
d) 技术文档通常会被翻译成英语。请翻译下列英语术语:drill, bolt, control engineering, handling equipment, clamping fixtures。

22

请绘制调节器和控制器的原理框图,并说明其作用过程的区别。

题 23~27 的原理图:

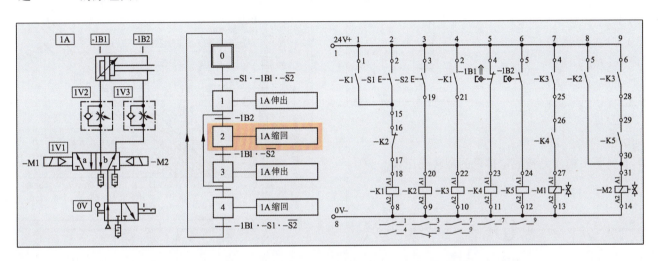

23

请解释 GRAFCET 顺序功能图中标记的区域。

24

零件-1B1 和-1B2 有什么作用?

25

请说明零件-1B1 和-1B2 的工作原理。

26

-1B1 开关符号上的箭头有什么含义?

27

GRAFCET 顺序功能图中的第 4 步应触发。对此,需要哪个转换器?

选 择 题

1

下列关于可编程控制器的说法哪项是正确的？

a) 在可编程控制器中会查询输入端并且根据程序连接输出端
b) 在可编程控制器中根据程序查询输出端
c) 在可编程控制器中根据程序激活输入端
d) 在可编程控制器中更改程序时需要改变布线
e) 在可编程控制器中最多可以有 8 个输入端和输出端

2

下列哪项布尔数学体系方程式适用于图示功能图？

a) $E1 \vee E2 = A1$
b) $E1 \wedge E2 = A1$
c) $E1 \wedge \overline{E2} = A1$
d) $E1 \vee \overline{E2} = A1$
e) $\overline{E1} \vee \overline{E2} = A1$

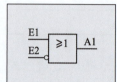

3

下列哪项标志是指固定排量的旋转液压泵？

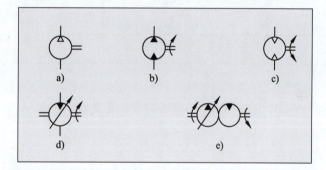

4

图示属于哪种阀门？

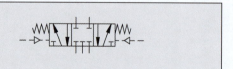

a) 5/3 手动换向阀
b) 压力控制的 5/3 换向阀
c) 机械控制的 5/3 止回阀
d) 5/3 电控压力阀
e) 压力控制的 5/3 止回阀

5

下列关于三相异步电机的说法哪项是正确的？

a) 具有较低的启动电流
b) 牢固且结构简单
c) 需要供电至转子的滑环
d) 拧紧力矩小
e) 需要启动辅助装置

6

双作用气缸的工作压力为 4 bar，活塞直径为 25 mm。请根据图表查明活塞作用力的数值。

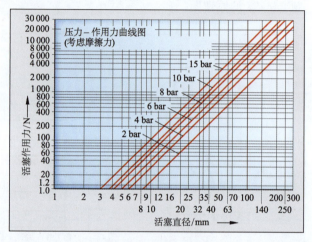

a) 100 N
b) 200 N
c) 300 N
d) 360 N
e) 500 N

7

下列关于传感器的说法哪项是正确的？

a) 安装传感器仅仅是为了监督技术工序
b) 传感器只是通过激光光束进行工作
c) 传感器只能感应运动的物体
d) 通过传感器可以感应人类的所有感官知觉
e) 传感器将物理量转变成电子信号

8

机械手工作空间的形式取决于什么？

a) 运行模式
b) 控制类型
c) T 主轴和 R 主轴的数量
d) 行驶速度
e) 抓具类型

9

如何理解可编程控制器的"循环周期"?

a) 一个接一个地处理所有程序指令的时间

b) 处理一个指令所需要的时间

c) 可编程控制器的周期

d) 指令从存储器到达中央处理器所花费的时间

e) 可编程计算器的增量

10

如图所示,由于零位的功率损耗较高,阀1V需要更换。选择下列哪种阀门进行更换?

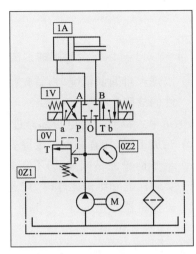

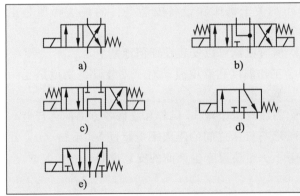

11

如图所示,快速按下按钮-S2后,K1和K2仍然处于通电状态。电路图要如何改变?

a) 必须取消A和B之间的连接

b) 必须使K1继电器延时

c) 必须使K2继电器延时

d) K1的常开触点与-S1并联

e) 继电器线圈K1上的常闭K2必须拆除

12

液压传动装置运作不稳定。如何排除故障?

a) 提高进给速度

b) 提高驱动压力

c) 冷却设备

d) 使设备换气通风

e) 改变排量

13

下列哪种电路图属于真值表?

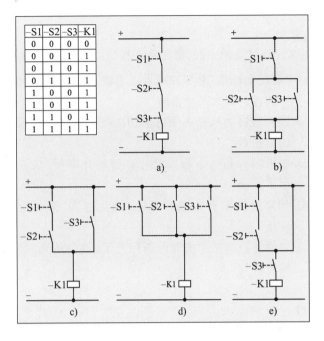

14

如图所示,气缸1A的活塞杆到达前侧终端后,气缸2A的活塞杆才伸出。然后,两个活塞杆再共同缩回。为什么电路图中的控制器无法实现该过程?

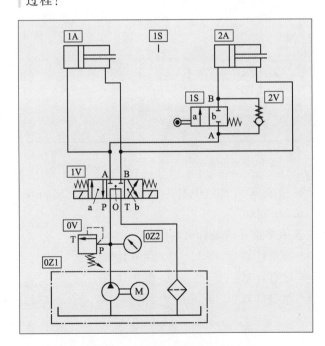

a) 因为需要控制1A和2A的4/3换向阀

b) 因为更换了阀2V的接线

c) 因为更换了阀1S和2V

d) 因为初始位置的阀1S没有启动

e) 因为更换了阀1V上A和B的连线

15
技术文档中不包含哪种资料?
a) 加工资料　　　　b) 质量的保证措施
c) 产品的价格估算　d) 安全指示
e) 使用说明书

16
如何理解维护中的"磨耗允许量"?
a) "磨耗允许量"是零件或者工具在更换之前所允许磨耗的最大尺寸范围
b) 磨耗程度为从投入使用至初次维护这一时间段的磨损量
c) 如果零件超过了极限尺寸,"磨耗允许量"就耗尽了
d) 如果更换了有缺陷的零件,就会达到"磨耗允许量"
e) 如果储备容器中的润滑剂用光了,就会达到"磨耗允许量"

17
DIN8659润滑系统图中有各种符号。哪项符号是指检查液位以及必要时再加满?

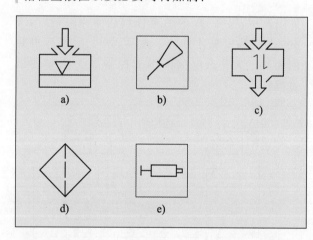

18
钻模的英文文档中有一个表格标题为"Maintenance plan"。
该表格描述的是什么内容?
a) 润滑计划　　　　b) 保养计划
c) 检查计划　　　　d) 维护计划
e) 改善计划

19
如何理解搬运技术中的"机械手"?
a) 通过操作控制器控制的机械手
b) 具有有限运输能力的机械手
c) 手动机械手
d) 装有可控制抓具的插入装置
e) 如果龙门机器人具备有限的工作空间,也可称为机械手

20
下列关于机床安全规则的说法哪项是正确的?
a) 出现大量漏油情况时,首先排除液压系统不密封性的故障
b) 每个人都能针对电子部分进行较小的维修
c) 在加工时,如有必要可废除安全装置
d) 对于简单的钻床夹具,不需要钥匙开关
e) 实施保养和维修工作时,应通过钥匙开关和总开关使机器停止运行

21
下列关于机床和设备安装条件的说法哪项是正确的?
a) 所有机床可以安装在任何地基上
b) 工作温度和温度波动对于安装设备来说是无关紧要的
c) 需注意机床操作、保养和维修各方面的可行性
d) 墙与机床之间的距离不能超过100 mm
e) 不一定要遵守生产商的安装说明

22
下列关于工业机械手运动形式的说法哪项是正确的?
a) PTP、LIN、CIRC
b) TPP、LIN、KREC
c) CNC、CAD、DNC
d) TCP、CONT、LIN
e) OUT、WAIT FOR、NOT

第二部分　结业考试模拟题

结业考试第一部分　模拟题

工业机械师

笔试试题 A 部分（客观题，即选择题）

考生姓名：　　　　　　　　　　　　　　　　　　日期：

培训方：

培训职业：

考试时间：A 部分和 B 部分总计 120 分钟

辅助工具：手册、公式集、便携计算器、绘图工具

使用的手册：

考试答题说明：

1. 笔试试题集由以下部分组成：

   （1）附有零件清单、平面图、图表的图纸。

   （2）A 部分包括 40 道客观题（给出了规定的答案选项）。

   （3）B 部分包括 10 道主观题（需要用自己的语言组织答案）。

   （4）答题卡。

   考生可以自行决定 A 部分和 B 部分的答题顺序。

2. 考生必须回答 A 部分 40 道试题（客观题）中的 35 道，剩余 5 道题由考生决定是否作答。

   选择不作答试题的考生必须在答题卡上用竖线划掉（参见答题卡模板）。若没有划掉任何试题，则最后 5 道选答题不评分。

   40 道题中有 6 道为必答题。需注意试题上带有黑色阴影强调的"必答题"提示。若必答题未作答，则扣分。

3. 在 A 部分的客观题中，5 个选项中只有一个是正确的。因此只能选择一个选项。

   若多选，则扣分。

   请仔细阅读试题与选项，并选择正确的答案。首先在试题处打×，最后在答题卡的相应位置处打×。

4. 所有选择题作答并打×标记后，请在答题卡的正确选项处打×。

   若需修改答案，则参照右图中的方法将标记涂黑并在正确的选项处重新打×。

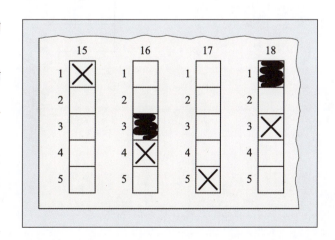

考试试题

您接到委托：加工机器人的机械手，如图所示。

请解答 A/B 部分中关于机械手加工计划的相关试题。

总图

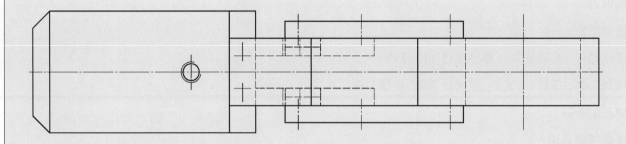

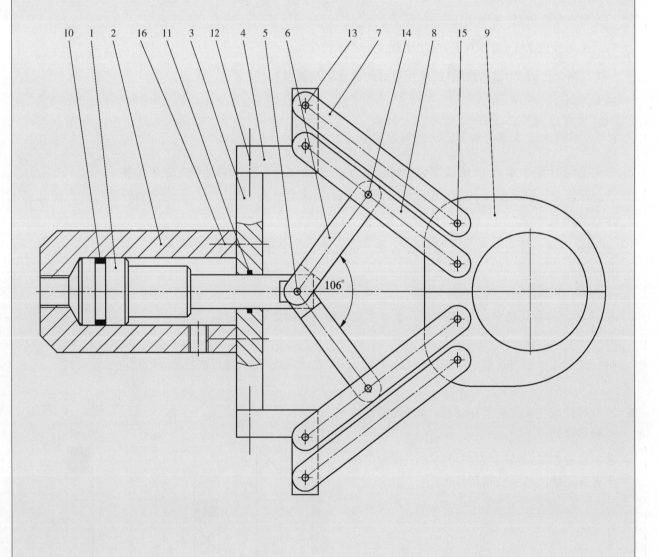

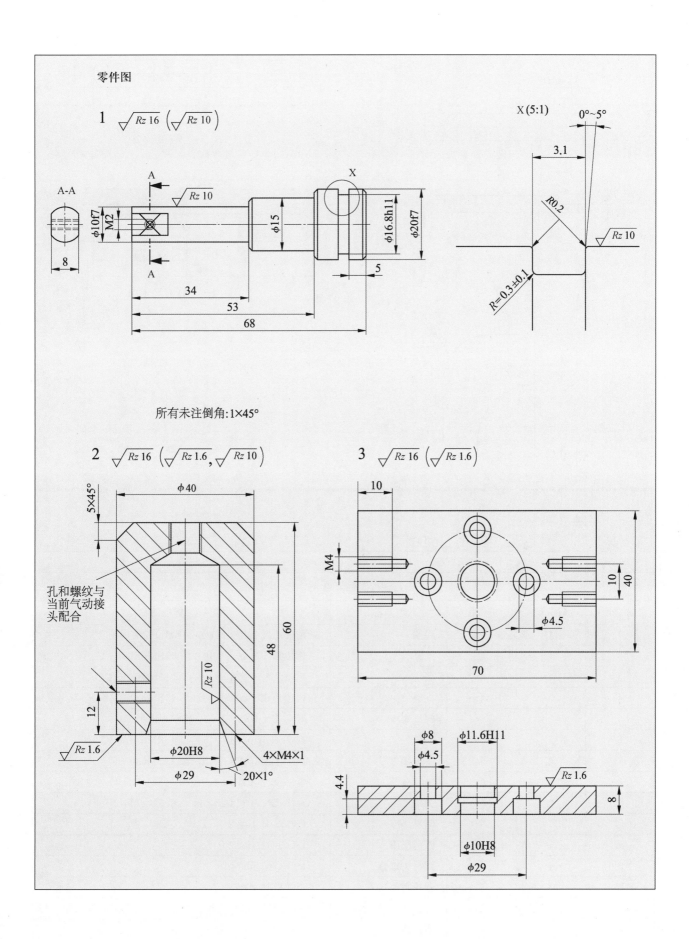

零件图

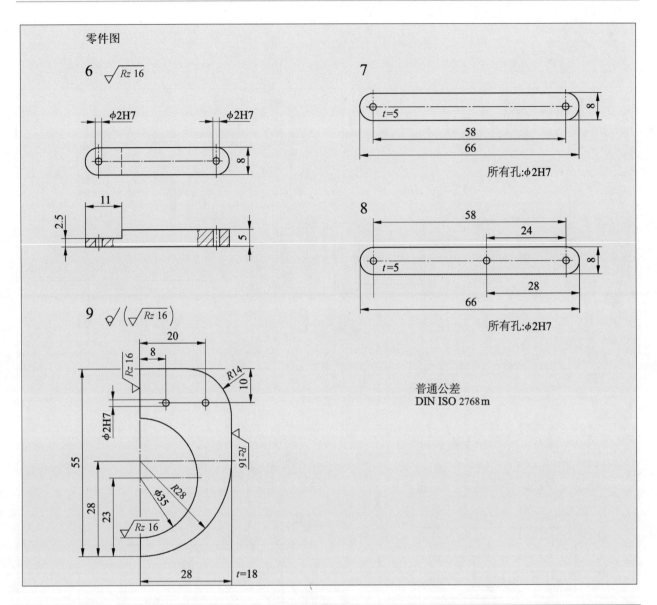

零件清单				
编号	数量	单位	名 称	零件号/标准简称
1	1	个	活塞	圆形 EN 10278-2×70-11SMnPb37＋C
2	1	个	气缸	四边形 EN 10278-40×62-11SMnPb37＋C
3	1	个	底座	扁平 EN 10278-36×8×72-11SMn30＋C
4	2	个	支架	四边形 EN 10278-28×28-11SMn30＋C
5	2	个	螺纹螺栓	圆形 EN 10278-8×20-11SMnPb37＋C
6	4	个	横杆	扁平 EN 10278-8×5×46-11SMn30＋C
7	4	个	平行杆1	扁平 EN 10278-8×5×70-11SMn30＋C
8	4	个	平行杆2	扁平 EN 10278-8×5×70-11SMn30＋C
9	2	个	夹爪	扁平 EN 10278-25×20×57-31CrMo12＋C
10	1	个	圆形垫圈	ISO 3601 16×2
11	1	个	圆形垫圈	ISO 3601 10×1
12	4	个	圆柱头螺钉	ISO 4762-M4×20
13	8	个	圆柱销	ISO 8734-2×18-C1
14	4	个	圆柱销	ISO 8734-2×10-C1
15	8	个	圆柱销	ISO 8734-2×20-C1
16	4	个	圆柱头螺钉	ISO 4762-M4×15

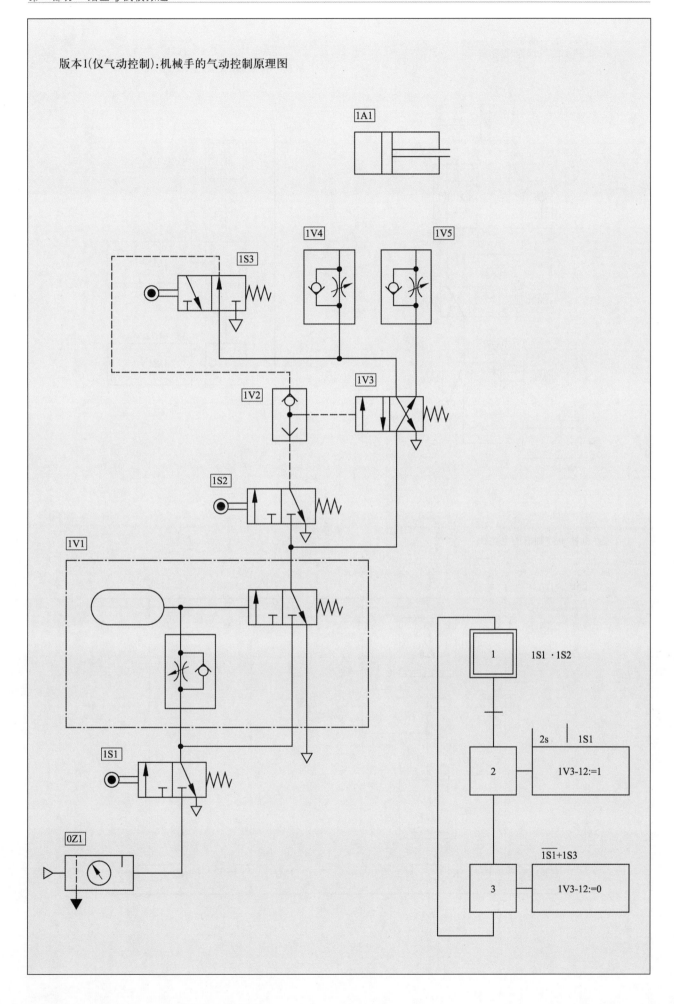

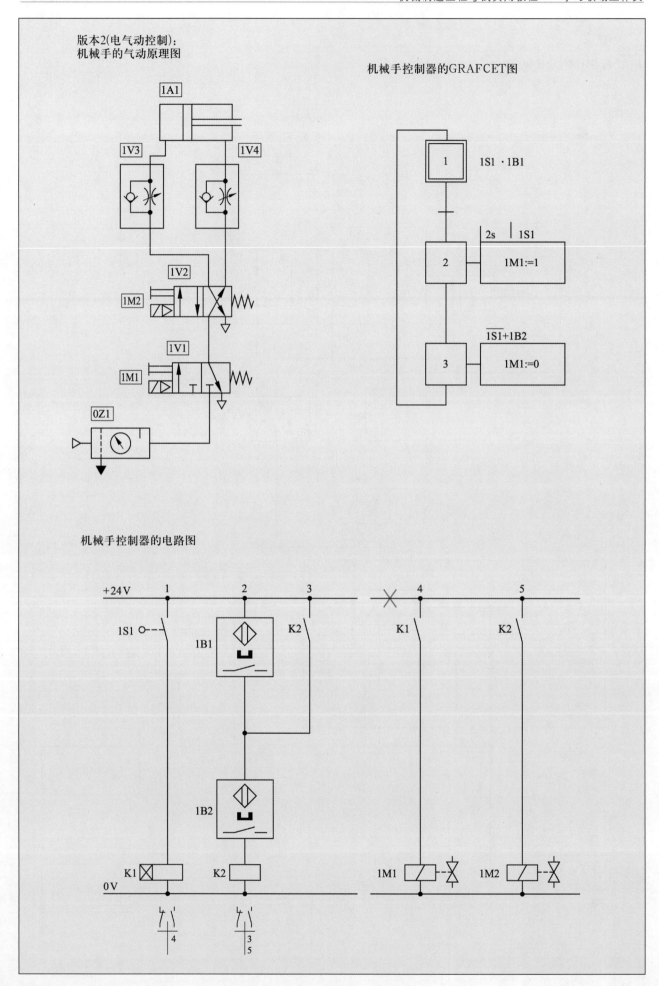

A 部分：选择题（客观题）

1

通过铣削，机械手底座（位置编号 3）的厚度从 10 mm 减少至 8 mm。如图所示，该铣削方法叫什么？

① 顺铣
② 周铣
③ 仿形铣削
④ 逆铣
⑤ 端铣

2（必答题）

通过铣削，机械手气缸（位置编号 2）的原始半成品长度从 40 mm 减少至 36 mm。

使用 $D=50$ mm 的硬质合金铣刀时，请使用《简明机械手册》计算铣床主轴的转速。

① 105 min^{-1}
② 1 750 min^{-1}
③ 205 min^{-1}
④ 864 min^{-1}
⑤ 287 min^{-1}

3

下列关于底座（位置编号 3）孔 $\phi10$H7 的加工步骤哪项是正确的？

① 打样冲－划线－预钻孔 $\phi9.7$－铰孔 $\phi10$H7
② 打样冲－划线－铰孔 $\phi10$H7－预钻孔 $\phi9.7$
③ 打样冲－预钻孔 $\phi9.7$－铰孔 $\phi10$H7－划线
④ 划线－预钻孔 $\phi9.7$－铰孔 $\phi10$H7－打样冲
⑤ 划线－打样冲－预钻孔 $\phi9.7$－铰孔 $\phi10$H7

4

使用 HSS 麻花钻在底座（位置编号 3）上钻直径 $d=4.5$ mm 的孔。请计算合适的切削速度。

① $v_c=10\sim20$ m/min
② $v_c=15\sim25$ mm/min
③ $v_c=20\sim30$ m/min
④ $v_c=60\sim80$ m/min
⑤ $v_c=60\sim100$ m/min

5（必答题）

使用 HSS 麻花钻在底座（位置编号 3）上钻直径 $d=4.5$ mm 的孔。请计算钻床上设置的转速。

① $n=55$ min^{-1}
② $n=60$ min^{-1}
③ $n=177$ min^{-1}
④ $n=300$ min^{-1}
⑤ $n=1\,800$ min^{-1}

6

由合金钢制成且没有钻孔的底座（位置编号 3）质量为多少？

① 110 g
② 127 g
③ 159 g
④ 151 g
⑤ 154 g

7

在活塞（位置编号 1）上要切削加工 M2 的螺纹。手动攻螺纹时有什么注意事项？

① 使用机用丝锥时没有注意事项
② 加工盲孔时使用带右旋螺纹的丝锥
③ 不应使用润滑油，因为装配时会导致拧紧螺丝的扭矩错误
④ 稍微倒转丝锥可以弄碎金属屑
⑤ 底孔的计算公式：$d_k=d+P$

8

使用车刀加工活塞（位置编号 1）上的槽 3.1 mm。如图所示，请选出合适的车刀。

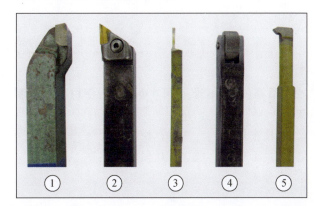

9

如图所示，车刀上用 a 标记的面叫什么？

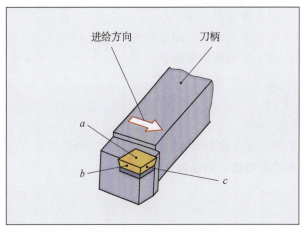

① 后刀面
② 辅助切削面

③ 前刀面　　　　　④ 夹紧面
⑤ 切断面

10
切断活塞(位置编号1)时,车刀因疏忽放置于中间。该错误会造成什么影响?
① 车削时不会注意该错误
② 车刀后角α变小
③ 车刀后角α变大
④ 车刀前角γ变小
⑤ 刀尖圆弧半径改变

11
横杆(位置编号6)的材料属于哪种钢?
① 非合金结构钢　　② 调质钢
③ 氮化钢　　　　　④ 易切削钢
⑤ 不锈钢

12（必答题）
气缸(位置编号2)φ20H8的上偏差是多少?
① 0　　　　　　　② +8 μm
③ −20 μm　　　　　④ +27 μm
⑤ +33 μm

13
检测活塞(位置编号1)尺寸φ20f7时使用哪种检测工具?
① 圆柱塞规　　　　② 游标卡尺
③ 外径千分尺　　　④ 量块
⑤ 千分表

14
气缸(位置编号2)上的表面参数有什么含义?
① 允许所有加工方法
② 不允许材料损坏
③ 轮廓四周的所有面显示相同的表面特性
④ 有一定的材料磨损量
⑤ 交货时的表面状态

15
如图所示为终检活塞(位置编号1)时外径千分尺所显示的数值。测量值是多少?

① 17.28 mm　　　　② 16.78 mm
③ 15.32 mm　　　　④ 17.32 mm
⑤ 16.28 mm

16
终检气缸(位置编号2)时游标卡尺显示下图数值。测量值是多少?

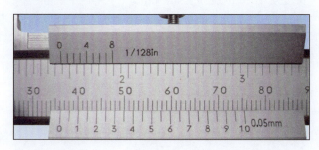

① 36.2 mm　　　　② 36 mm
③ 30.6 mm　　　　④ 40.1 mm
⑤ 306 mm

17
采用气动测量活塞(位置编号1)和气缸(位置编号2)。气动长度测量有什么优点?
① 测量不同轮廓的物体时,必须使用相应的特殊测值传感器
② 测量位置的粗糙度不会影响测量值
③ 在经济方面,气动测量仪主要应用于生产零件
④ 气动测头触碰测量点时,测量信号在没有机械传动比的情况下通过气动传送
⑤ 压缩空气清理测量点上的切削液、润滑油或者研磨膏。因此,机床运行时可以测量工件

18
活塞(位置编号1)和气缸(位置编号2)都有位置公差。下列哪项公差符号要填入空白框?

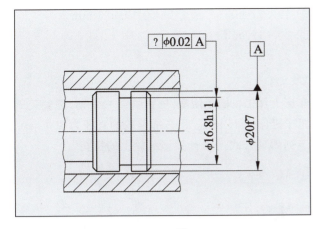

① ▱   ② ○
③ ⊥   ④ ⌓
⑤ ◎

19

夹爪(位置编号 9)图纸上有个尺寸参数不符合标准。下列哪项描述是正确的?

① $R28$ 应改为 $\phi56$
② $t=18$ 应带指示线且填写在工件外
③ $Rz\ 16$ 只填写一次
④ 图纸上的标注尺寸必须与功能有关
⑤ 夹爪必须绘制成三种视图

20

底座(位置编号 3)的图纸需要补充,图上应有剖面线(见红线)。红线用哪种线替代?

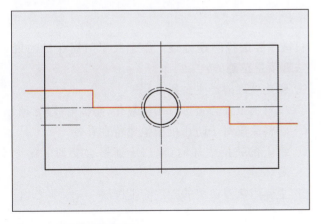

① 01.2 号线,粗实线
② 02.1 号线,细虚线
③ 04.1 号线,细点划线
④ 04.2 号线,粗点划线
⑤ 05.1 号线,细两点划线

21（必答题）

如图所示,该 GRAFCET 片段显示什么过程?

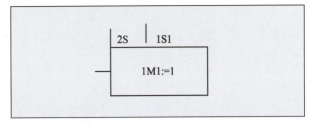

① 按下 1S1 键时,电磁线圈被控制 2 s
② 按下 1S1 键 2 s 后,电磁线圈 1M1 被激活
③ 按下 2S 键时,1M1 电磁线圈被控制
④ 按下 1S1 键或者 2S 键时,电磁线圈被激活
⑤ 按下 1S1 键或者 1S2 键时,电磁线圈被激活长达 2 s

22

如何命名气动控制原理图中的 1V1 阀?
① 预调阀直接控制的 3/2 换向阀
② 成正比的限压阀
③ 延时阀
④ 流量控制阀
⑤ 二通减压阀

23

如图所示,机器人机械手的锁模力 F_{SK} 多大?

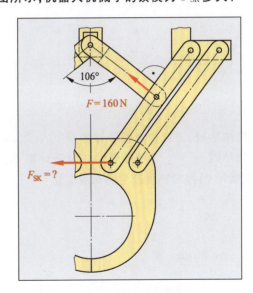

① 160.0 N   ② 137.1 N
③ 135.7 N   ④ 52.9 N
⑤ 39.8 N

24
接触器 K1 的电阻 $R=114\ \Omega$ 时，其电压多大？

① 6 V   ② 12 V
③ 24 V   ④ 68 V
⑤ 144 V

25
电路图中控制件上用 X 标记的地方流过的电流有多大 ($R=240\ \Omega$)？

① 83 mA   ② 100 mA
③ 200 mA   ④ 3 A
⑤ 12 A

26 (必答题)
拧紧圆柱头螺钉（位置编号 12）的最大扭矩 $M_S = 9\ N\cdot m$。螺钉轴心到受力点的距离为 70 mm。内六角扳手拧螺钉的最大力 F_S 多大？

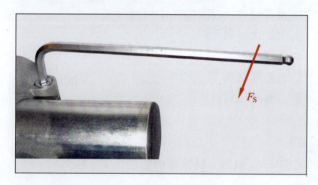

① 1.28 N   ② 7.78 N
③ 63 N   ④ 78 N
⑤ 129 N

27
安装机械手时，工作台上的零件放置于人工太阳灯下并加热到 35 ℃。下列哪项公式用于计算平行杆（位置编号 7）因加热而产生的长度变化？

① $\Delta l = \dfrac{\alpha_1 \cdot l_1}{\Delta t}$

② $\Delta l = \alpha_1 \cdot l_1 \cdot (t+273)$

③ $\Delta l = \dfrac{1 \cdot 100\%}{100\% - S}$

④ $\Delta t = \alpha_1 \cdot l_1 \cdot \Delta l$

⑤ $\Delta l = \alpha_1 \cdot l_1 \cdot \Delta t$

28
20℃时，测量合金钢活塞（位置编号 1）尺寸 $\phi 20f7$ 的直径 $d = 19.971$ mm。35 ℃时，$\phi 20f7$ 的直径是多少？

① 19.975 mm   ② 19.976 mm
③ 19.977 mm   ④ 19.983 mm
⑤ 20.019 mm

29
车床上加工机械手活塞（位置编号 1）之前，需安装三爪卡盘（$m=45$ kg）。吊车绳鼓轮的直径为 400 mm。下列哪项公式用于计算绳鼓轮上的扭矩？

① $M = F \cdot s$ ② $M = \dfrac{2 \cdot F_u}{d_1}$

③ $M = F \cdot \dfrac{d}{2}$ ④ $M = 2 \cdot \pi \cdot \dfrac{d}{2}$

⑤ $M = i \cdot \dfrac{d}{2} \cdot F$

30
为了提起三爪卡盘，吊车电动机的扭矩要达到多大？（机械参数：见题 29）

① 9 N·m   ② 18 N·m
③ 88 N·m   ④ 176 N·m
⑤ 9 000 N·m

31
下列哪项公式用于计算电动机的效率？

① $\eta = \dfrac{P_{zu}}{P_{ab}}$ ② $\eta = P_{zu} \cdot P_{ab}$

③ $\eta = P_{zu} + P_{ab}$ ④ $\eta = \dfrac{P_{ab}}{P_{zu}}$

⑤ $\eta = P_{zu} - P_{ab}$

32
机械手要进行防锈处理。下列关于防锈保护的说法哪项是正确的？

① 磷化处理时产生金属涂层
② 仅对铝及其合金进行阳极氧化（阳极电镀）处理
③ 塑料涂层对于防止机械生锈特别有效
④ 钢上的铬层损坏时，涂层金属铬会受到电化学破坏
⑤ 主要用热浸镀层的方法涂上镍层

33
投入使用期间，机械手要定期保养。下列哪项列出的仅是保养工作？

① 校准、清洁、润滑、再注满
② 规划、测量、清洁、润滑
③ 整修、修理、检查、再注满
④ 诊断、评估、决定、检测
⑤ 润滑、检测、整修、评估

34

投入使用期间,要定期维护机械手。这种维护有什么优点?

① 更高的备件需求
② 无法确定机械手的故障性能
③ 高昂的维护费用
④ 没有充分利用零件的寿命
⑤ 机械手的可靠性高

35

四个圆柱头螺钉(位置编号 12)要防松固定。下列哪项显示的是防松装置?

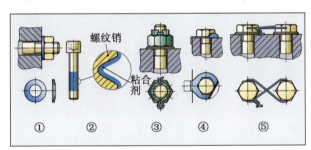

36

拧紧四个圆柱头螺钉(位置编号 12)需用合适的预紧力。下列哪个公式用于计算预紧力(需考虑效率)?

① $F_V = \dfrac{M_A \cdot 2}{P} \cdot \pi$

② $F_V = \dfrac{\eta \cdot 2 \cdot \pi}{P \cdot M_A}$

③ $F_V = M_A \cdot 2 \cdot \pi \cdot P \cdot \eta$

④ $F_V = \dfrac{M_A \cdot 2 \cdot \pi}{P} \cdot \eta$

⑤ $F_V = \dfrac{M_A \cdot 2 \cdot \pi}{\eta} \cdot P$

37(必答题)

圆柱头螺钉(位置编号 12)上的预紧力 $F_V = 3\,000$ N 且效率 $\eta = 15\%$ 时,拧紧扭矩 M_A 多大?

① $M_A = 0.05$ N·m
② $M_A = 0.45$ N·m
③ $M_A = 2.23$ N·m
④ $M_A = 4.46$ N·m
⑤ $M_A = 7.03$ N·m

38

机械制造中也会运用铆钉连接。与焊接相比,铆钉连接有什么优点?

① 结构没有变化,因此在要连接的板材上没有出现强度降低和脆化的情况
② 不需要额外的连接元件
③ 铆钉连接紧密并且不易松动
④ 不同材料无法连接
⑤ 使用不同材料时可能导致电化学腐蚀

39

下图标志有什么含义?

① 休息室
② 工作间:用于佩戴心脏起搏器的人
③ 除颤器
④ 急救
⑤ 医生

40

从哪个声压级起必须戴听力保护装置?

① 70 dB(A)
② 75 dB(A)
③ 80 dB(A)
④ 85 dB(A)
⑤ 110 dB(A)

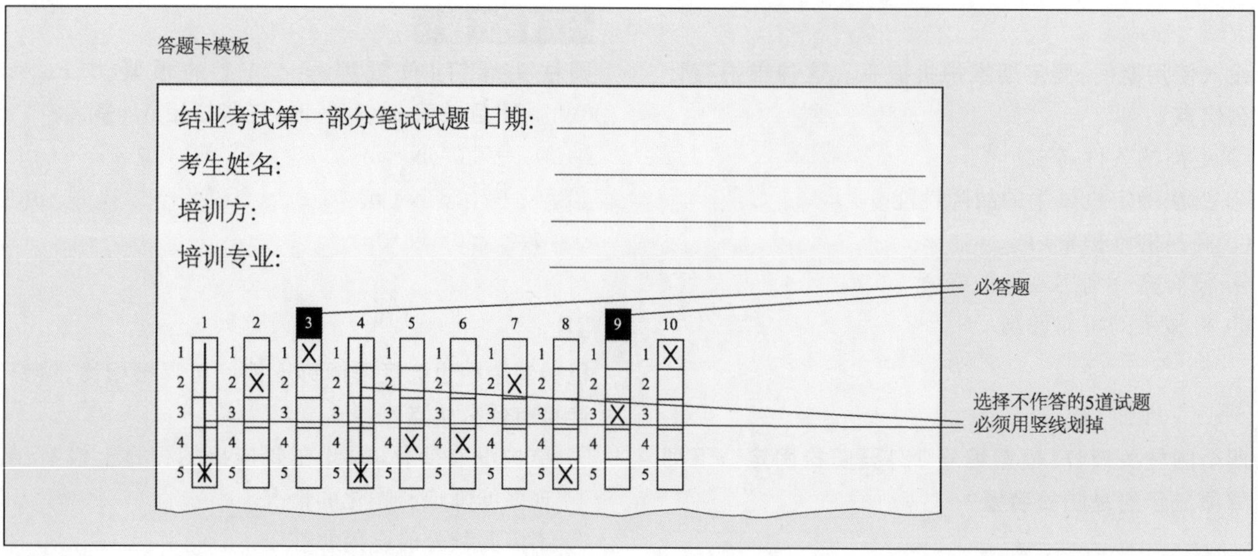

答题卡模板

结业考试第一部分笔试试题 日期：_____

考生姓名：_____

培训方：_____

培训专业：_____

必答题

选择不作答的5道试题
必须用竖线划掉

答题卡

结业考试第一部分　　A 部分（选择题）

考生姓名：_____　　　　日期：_____

培训方：_____

培训职业：_____

请遵守答题说明！

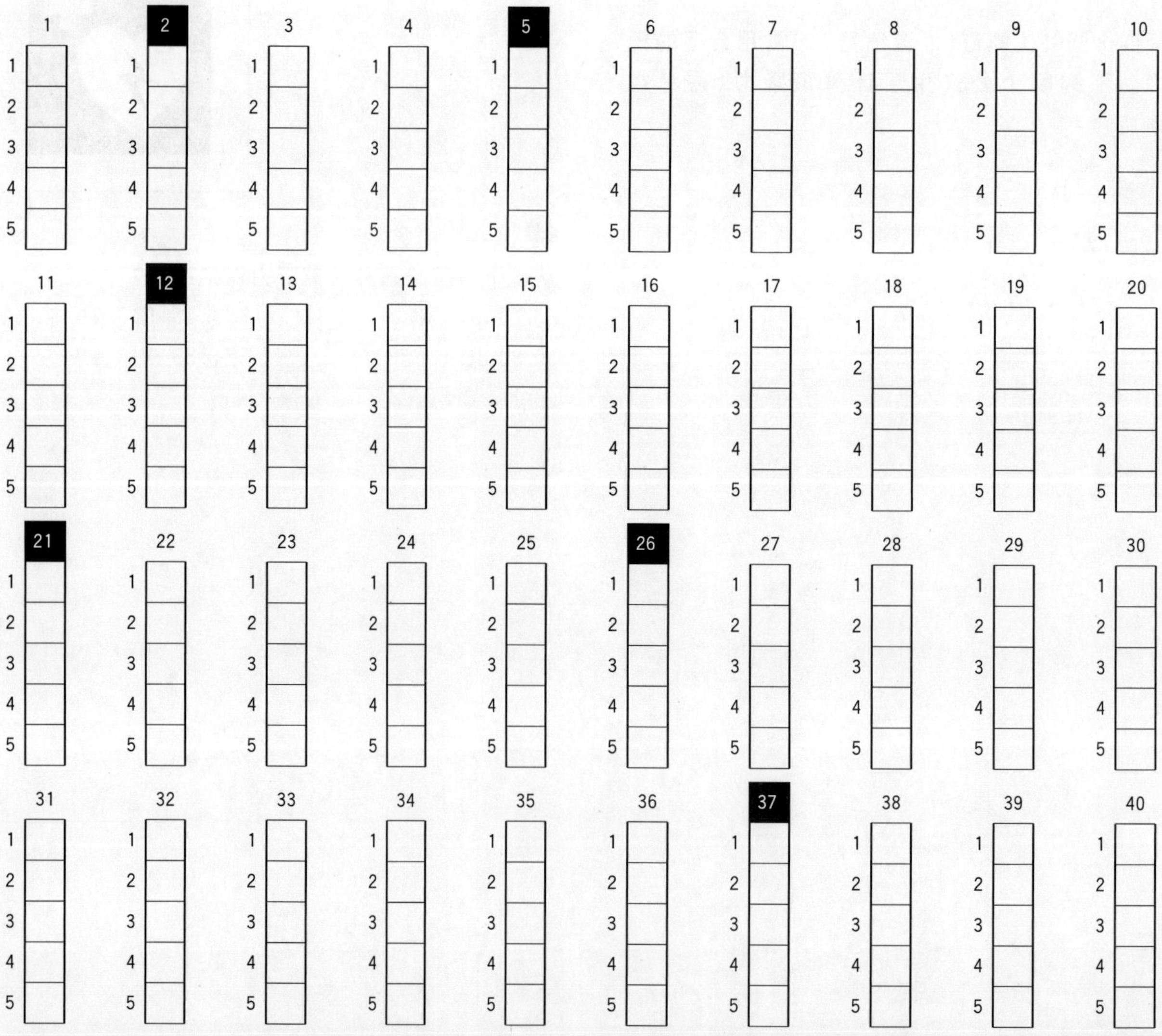

结业考试第一部分　模拟题

工业机械师

笔试试题 B 部分（简答题）

考生姓名：　　　　　　　　　　　　　　　　　　　　日期：

培训方：

培训职业：

考试时间：A 部分和 B 部分总计 120 分钟

辅助工具：手册、公式集、便携计算器、绘图工具

使用的手册：

B 部分答题说明：

1. 结业考试第一部分,模拟题的笔试试题 B 部分包括 10 道简答题。

2. 部分试题与考试图纸有关。

3. 必须回答所有试题。

4. 答题尽可能使用简洁的语句。

5. 回答数学题时要将所有计算步骤填写在指定区域。

6. 请遵循以下顺序：原始公式，转换公式，数值（包括单位）代入转换公式，计算结果（包括单位）。

考试试题：
您收到了一个委托：加工机械手（见图纸）。请解答机械手加工计划的相关试题。

B 部分：主观题

	评分 0~10 分

1　请绘制机械手支架（位置编号 4）的草图，无须标注尺寸。

题 1 评分

2　请确定活塞（位置编号 1）直径 $\phi 20f7$ 的最大尺寸、最小尺寸以及公差。

题 2 评分

3　为了加工圆形垫圈（位置编号 11）的槽，如何在车床上装夹底座（位置编号 3）？

题 3 评分

4　在车床上加工活塞（位置编号 1）。加工时使用切削液。请说明切削液的三种功能。

（1）_____

（2）_____

（3）_____

题 4 评分

5 机械手气缸(位置编号 2)的活塞杆应在初始位置伸出。请将用于定位的气动原理图补充完整。

6 系统压力 $p_e = 7$ bar 时,机械手气缸(位置编号 2)的活塞(位置编号 1)通过多大的力伸出?

7 **a)** 如果 $p_e = 7$ bar 时气缸活塞缩回,那么作用于横杆(位置编号 6)的牵引力有多大?(机械手关闭)

b) 如果横杆(位置编号 6)负载的牵引力 $F_z = 180$ N,那么横杆最小截面上会出现多大的张力?

8 企业有下列标识。

   a) 这些标识有什么含义？

   b) 它们分别属于哪些标志类别？

   请简明扼要地回答题 a)、题 b)，并在以下表格的对应答案下打×。

标　识	标识的含义	禁令标志	警示标志	指示标志	救援标志	防火标志	危险标志

9 检测气缸（位置编号 2）$\phi 20H8$ 孔的表面粗糙度。

   a) 通过哪些测量方法检测表面粗糙度？

   _____

   _____

   _____

   b) 检测表面粗糙度时得到了下列测量记录。请评估该测量记录。R_z 是多大？

   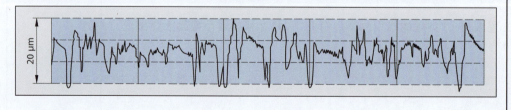

   _____

   _____

   _____

10 **请编写用于加工气缸(位置编号 2)的工作计划。**

序号	工作过程/工作步骤	机床/设备	工具	设置参数			操作安全	检测工具
				v_c	f	n		

序号	工作过程/工作步骤	机床/设备	工具	设置参数			操作安全	检测工具
				v_c	f	n		

结业考试第二部分　模拟题

工业机械师

委托与功能分析 A 部分（客观题，即选择题）

考生姓名：＿＿＿＿＿＿＿＿＿＿＿＿＿＿＿　　日期：＿＿＿＿＿＿＿＿＿＿＿＿＿＿＿

培训方：＿＿＿＿＿＿＿＿＿＿＿＿＿＿＿＿＿＿＿＿＿＿＿＿＿＿＿＿＿＿＿＿＿＿＿＿

培训职业：＿＿＿＿＿＿＿＿＿＿＿＿＿＿＿＿＿＿＿＿＿＿＿＿＿＿＿＿＿＿＿＿＿＿

考试时间：A 部分和 B 部分总计 105 分钟

辅助工具：手册、公式集、便携计算器、绘图工具

使用的手册：＿＿＿＿＿＿＿＿＿＿＿＿＿＿＿＿＿＿＿＿＿＿＿＿＿＿＿＿＿＿＿＿

A 部分答题说明：

1. 笔试试题集由以下部分组成：

   （1）附有零件清单、平面图、图表的图纸。

   （2）A 部分包括 28 道客观题（给出了规定的答案选项）。

   （3）B 部分包括 8 道主观题（需要用自己的语言组织答案）。

   （4）答题卡。

   考生可以自行决定 A 部分和 B 部分的答题顺序。

2. 考生必须回答 A 部分 28 道试题（客观题）中的 25 道，剩余 3 道题由考生决定是否作答。

   选择不作答试题的考生必须在答题卡上用竖线划掉（参见答题卡模板）。若没有划掉任何试题，则最后 3 道选答题不评分。

   28 道题中有 8 道为必答题。需注意试题上带有黑色阴影强调的"必答题"提示。若必答题未作答，则扣分。

3. 在 A 部分的客观题中，5 个选项中只有一个是正确的。因此只能选择一个选项。
   若多选，则扣分。

   请仔细阅读试题与选项，并选择正确的答案。首先在试题处打×，最后在答题卡的相应位置处打×。

4. 所有选择题作答并打×标记后，请在答题卡的正确选项处打×。

   若需修改答案，则参照右图中的方法将标记涂黑并在正确的选项处重新打×。

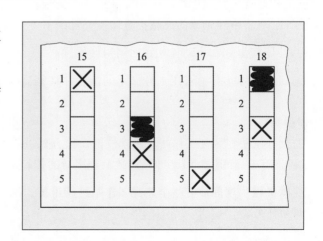

考试试题：装配工作站

装配工作站的描述
在如图所示的装配工作站上，球轴承被压入塑料滚轮中，装配工作站由液压动力压入装置、带滚轮的料仓、滑动气缸和工业机械手组成。

装配工作站（图解）

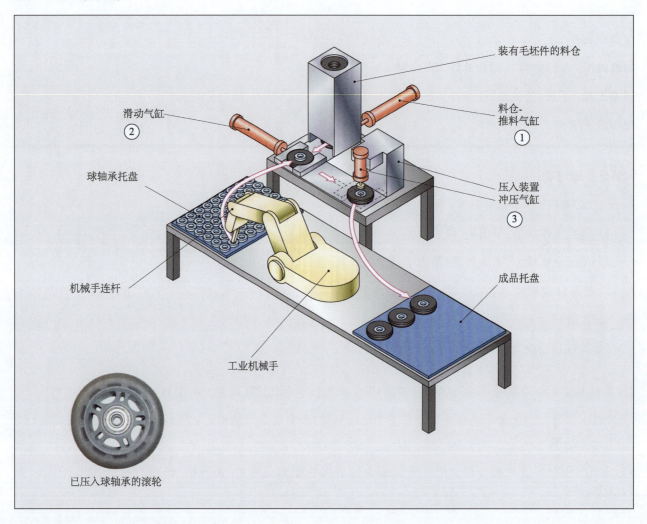

装配过程
为了装配，推料气缸①将滚轮从料仓中推出。

机械手从球轴承托盘中取出一个球轴承并将其定位至滚轮的压入位置。

滑动气缸②将带球轴承的滚轮推至冲压气缸③下方。球轴承被压入滚轮孔。

然后，冲压气缸③和滑动气缸②回到初始位置。

最后，机械手取出带有已压入球轴承的滚轮并将其放至成品托盘。

工作委托：
1. 工业机械手在装配工作站上出现故障。检查机械手连杆（见下一页图）时发现：机械手轴上传动轴2（位置编号15）的滑键键槽发生偏移，必须要用新的传动轴替换。

2. 维修机械手期间应对整个装配工作站进行维护。解答装配工作站功能、机械手轴加工以及维修方面的问题和任务。

总图：机械手连杆

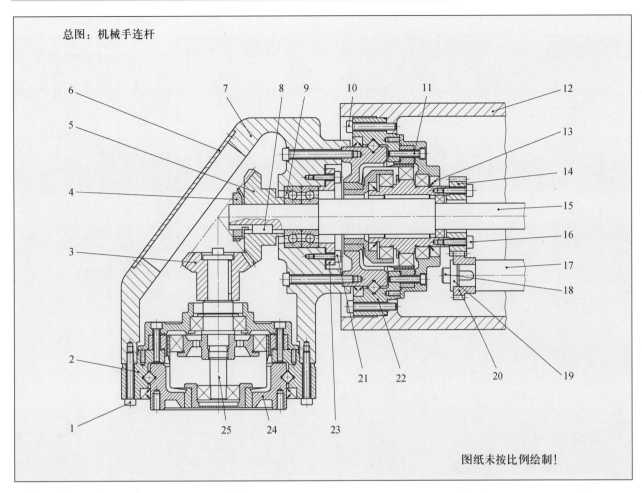

图纸未按比例绘制！

零件清单摘录：

位置编号	数量	单位	名　　称	零件号/标准简称
1	8	个	圆柱头螺钉	DIN 7984-M4×20
2	1	个	谐波传动减速器	HFUS-14-2UH
3	1	个	锥齿轮	$d=30, z=30, m=1-42$ CrMo4
4	1	个	螺母	
5	1	个	锥齿轮	$d=35, z=35, m=1-42$ CrMo4
6	1	个	维护盖	
7	1	个	下壳	EN-GLJ-150
8	1	个	滑键	DIN 6885-B-4×4×16
9	2	个	径向推力球轴承	DIN 628-7202B
10	8	个	圆柱头螺钉	DIN 7984-M4×30
11	5	个	圆柱头螺钉	DIN 7984-M4×25
12	1	个	上壳	EN-GLJ-150
13	1	个	轴密封圈	
14	1	个	圆柱齿轮	$d=33, z=47, m=0.7-42$ CrMo4
15	1	个	传动轴2	$\phi 25 \times 230$-42 CrMo4
16	6	个	圆柱头螺钉	DIN EN ISO 47623-M4×12
17	1	个	传动轴1	42CrMo4
18	2	个	圆柱头螺钉	DIN 7984-M4×8
19	1	个	间隔垫圈	
20	1	个	圆柱齿轮	$d=20, z=29, m=0.7-42$ CrMo4
21	6	个	圆柱头螺钉	DIN 7984-M4×10
22	1	个	谐波传动减速器	HFUS-20-2UH, $i=120$
23	1	个	轴承盖	
24	1	个	ISO-法兰	
25	1	个	轴承	

细节：位置编号15

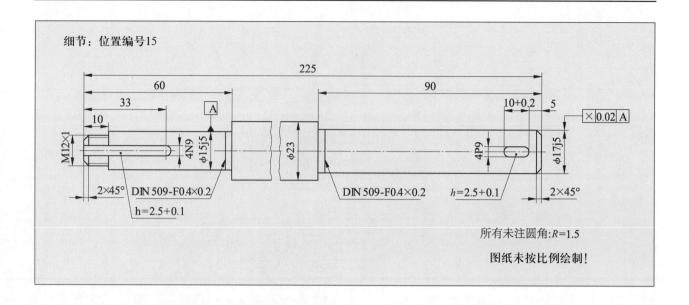

细节：位置编号2

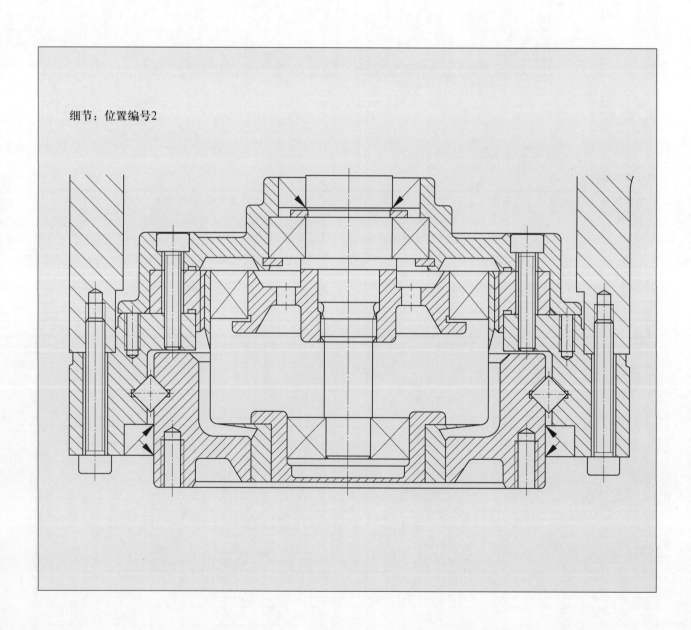

委托与功能分析

考试试题:
解答关于装配工作站功能、零件以及控制的问题和任务。

A 部分:选择题(客观题)

1

装配工作站上应用的维修方案叫什么?
① 周期性维修　　　　② 状态性维修
③ 故障性维修　　　　④ 储备损耗维修
⑤ 人道主义维修

2

为什么工业机械手使用谐波传动减速器用于各个轴的传动?
① 实现无间隙传动　　② 达到高速级传动比
③ 制造体积大　　　　④ 减速器可控制
⑤ 作为无级传动减速器

3

椭圆钢盘(波形信号发生器)与带谐波传动减速器内花键(钢轮)的活塞环之间安装了密封装置。该密封装置叫什么?
① O形环　　　　　　② V形密封圈
③ 推料器　　　　　　④ 槽型密封圈
⑤ 径向轴密封圈

4

带谐波传动减速器(位置编号 2)内花键(钢轮)的活塞环齿数为 200,那么传动比是多少?
① $i=200:1=200$
② $i=200:2=100$
③ $i=1:200=0.005$
④ $i=2:200=0.001$
⑤ $i=200:200=1$

5(必答题)

圆柱头螺钉(位置编号 16)要通过 $M=6\ \text{N}\cdot\text{m}$ 的扭矩拧紧,该螺钉用于固定椭圆钢盘(波形信号发生器)上的圆柱齿轮。一个螺钉会产生多大的张力?
① 17 142 N　　　　　② 53 856 N
③ 26 928 N　　　　　④ 37 700 N
⑤ 54 N

6(必答题)

机械手连杆的传动轴 1(位置编号 17)转速 $n=2\ 000\ \text{min}^{-1}$。下壳(位置编号 7)转速是多少?
① $3\ 240\ \text{min}^{-1}$　　② $1\ 234\ \text{min}^{-1}$
③ $12.5\ \text{min}^{-1}$　　　④ $10.3\ \text{min}^{-1}$
⑤ $6.5\ \text{min}^{-1}$

7

圆柱齿轮(位置编号 14)的齿面是哪种几何曲线?
① 抛物线　　　　　　② 椭圆
③ 周期　　　　　　　④ 双曲线
⑤ 渐开线

8

径向推力球轴承(位置编号 9)能承受哪些力?
① 只有两个方向的轴向力
② 只有轴向力
③ 只有一个方向的轴向力和径向力
④ 只有径向力
⑤ 只有两个方向的轴向力和径向力

9

传动轴 2(位置编号 15)和锥齿轮(位置编号 5)之间的轴毂连接被称为哪种连接?
① 花键轴连接　　　　② 齿轮连接
③ 滑键连接　　　　　④ 锁环连接
⑤ 楔连接

10

装配工作站上的机械手属于哪种结构类型?
① 龙门式机械手　　　② 关节机械手
③ 水平转向臂机械手　④ 龙门式关节机械手
⑤ 多关节机械手

11

装配工作站上的机械手能够完成哪种类型的运动?
① 只有线性运动
② 线性运动和旋转运动
③ 只有旋转运动

④ 只有反向线性运动
⑤ 只有反向旋转运动

12

机械手的 TCP(工具中心点)是指?
① 工具基准点　② 机械手主轴点
③ 基本坐标系　④ 笛卡尔坐标点
⑤ 旋转坐标点

13

下列哪项不属于手动控制系统的保护装置?
① 护栏　② 安全激光扫描仪
③ 光电子扫描遮光幕　④ 安全折光仪
⑤ 安全开关垫

14（必答题）

机械手连杆的外壳由 EN-GJL-150 制成。下列关于该材料的说法哪项是正确的?
① 该材料的抗拉强度为 300 N/mm²
② 该材料为球墨铸铁
③ 该材料为可铸锻铁
④ 该材料为片状石墨铸铁
⑤ 该材料用于承受损耗的零件

15

机械手连杆的传动轴 2(位置编号 15)由 42CrMo4 制成。下列关于该材料的说法哪项是正确的?
① 平均含碳量约为 4.2%
② 铬合金含量约为 42%
③ 钼合金含量约为 4%
④ 铬合金含量约为 4%
⑤ 铬合金含量约为 1%

16（必答题）

螺钉(位置编号 1)头部印有 8.8。该标识有什么含义?
① 屈服强度 R_e = 720 N/mm²
② 抗拉强度 R_m = 800 N/mm²
③ 螺钉由合金渗碳钢制成
④ 螺钉的断裂延伸率为 8.8%
⑤ 螺钉内径 d_3 = 8.8 mm

17

圆柱头螺钉(位置编号 18)要防松固定。下列哪项是防松装置?

① 张紧轮　② 碟形弹簧
③ 胶黏剂　④ 弹簧垫圈
⑤ 齿盘

18

机械手连杆的下壳(位置编号 7)由 RN-GJL-150 制成。下列哪种硬度试验法用于检测该材料的硬度?
① 布氏硬度试验法　② 维氏硬度试验法
③ 洛氏硬度试验法　④ 马氏体硬度试验法
⑤ 莫氏硬度试验法

19（必答题）

安装滚轮后使用传感器检测球轴承是否已压入滚轮。下列哪种传感器能适应该任务?
① 压力测量计　② 应变仪
③ 电容传感器　④ 红外传感器
⑤ 电感传感器

20

装配工作站上贴着一些图标。下列哪种图标属于禁令标志?

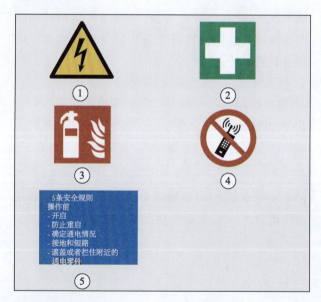

21（必答题）

通过 SPS 控制装配工作站。下列关于 SPS 控制器中 Merker 的说法哪项是正确的?
① Merker 控制 CPU 的输出
② Merker 是中期结果的存储空间
③ Merker 是时间函数 CPU 数值的存储区
④ Merker 是数字函数 CPU 数值的存储区
⑤ Merker 是专业概念,只用于 S7 编程

22

DIN EN 61131-3 标准有 5 种编程语言，比如文本语言和图表语言。下列哪项只包含文本语言？
① 指令表（AWL）
② 顺序功能流程图（AS）
③ 功能区块图（FBS）
④ 梯形逻辑（KOP）
⑤ 电子电路图（ESP）

23

控制器位于装配工作站，其功能区块图（FBS）中的函数要转换成指令表（AWL）。下列哪项是正确的？

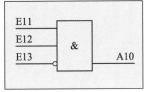

① U E11
　 U E12
　 U E13
　 = A10

② U E11
　 O E12
　 O E13
　 = A10

③ U E11
　 O E12
　 UN E13
　 = A10

④ UN E11
　 UN E12
　 U E13
　 = A10

⑤ U E11
　 O E12
　 UN E13
　 = A10

24（必答题）

球轴承压入滚轮时使用标准的单作用气缸，其活塞直径 $D = 50$ mm。请问，回位弹簧的最大弹力是多少？
① $F_R = 72$ N
② $F_R = 50$ N
③ $F_R = 98$ N
④ $F_R = 870$ N
⑤ $F_R = 968$ N

25

如何理解弹簧特性曲线？
① 弹力 F 与弹簧长度 l 的比率
② 弹簧特性曲线又名弹簧刚度
③ 弹簧特性曲线显示弹力 F 和弹簧变形量 s 的相关性
④ 弹簧特性曲线显示了弹簧宽度 Δb 和弹力 F 的相关性
⑤ 根据弹簧特性曲线可以推断出弹簧的负荷类型

26（必答题）

机械手电机的铭牌上标明消耗功率 $P = 256$ W。如何理解电工学中电机的功率？
① 每单位时间的机械功
② 通过导体的电子数量
③ 每单位时间从电源获得的能量
④ 材料的特定导体电阻
⑤ 通过分离电荷产生的电压

27

下列关于机械手中安装的步进电机的表述哪项是正确的？
① 在没有传感器的情况下步进电机能准确地反馈位置
② 转子通过定子线圈中受控且旋转的电磁区域转动最小角或多倍角
③ 步进电机的相序通过机械开关控制
④ 由于电压较高，步进电机的扭矩较小
⑤ 步进电机中的转子始终由永久磁铁组成

28

下列哪项公式用于计算从电源流入直流电机的电流？
① $I = \dfrac{P}{U}$
② $I = \dfrac{P}{\sqrt{3} \cdot U}$
③ $I = \dfrac{P}{U \cdot \cos\varphi}$
④ $I = \dfrac{P}{\sqrt{3} \cdot U \cdot \cos\varphi}$
⑤ $I = \dfrac{U}{P}$

答题卡模板

结业考试第二部分笔试试题 日期：_____

考生姓名：_____

培训方：_____

培训专业：_____

必答题

选择不作答的5道试题必须用竖线划掉

答题卡

结业考试第二部分　委托与功能分析 A 部分（选择题）

考生姓名：_____　　　日期：_____

培训方：_____

培训职业：_____

请遵守答题说明！

结业考试第二部分 模拟题

工业机械师

委托与功能分析 B 部分（简答题）

考生姓名： 　　　　　　　　　　　　　　　　日期：

培训方：

培训职业：

考试时间：A 部分和 B 部分总计 105 分钟

辅助工具：手册、公式集、便携计算器、绘图工具

使用的手册：

B 部分答题说明：

1. 结业考试第二部分的 B 部分包括 8 道简答题。

2. 部分试题与考试图纸有关。

3. 必须回答所有试题。答题尽可能使用简洁的语句。

4. 回答数学题时要将所有计算步骤填写在指定区域。请遵循以下顺序：原始公式，转换公式，数值（包括单位）代入转换公式，计算结果（包括单位）。

考试试题：

完成关于装配工作站运行和维护的问题和任务。

B 部分：主观题

	评分 0~10分

1. 在机械手上安装了两个谐波传动减速器（位置编号 2 和位置编号 22）。该减速器由哪三种基本构件组成？

   (1) _____

   (2) _____

   (3) _____

   题 1 评分

2. 请说明，如何设置两个径向推力球轴承（位置编号 9）相对于传动轴 2（位置编号 15）轴承的轴承间隙？

   _____
   _____
   _____
   _____
   _____
   _____
   _____

   题 2 评分

3. 传动轴 2（位置编号 15）通过两个径向推力球轴承支承。

   a) 该轴承是什么配置？

   _____

   b) 请说明选择这种轴承配置的理由。

   _____
   _____
   _____
   _____
   _____
   _____
   _____

   题 3 评分

4 机械手通过绝对式位移测量装置进行定位。
请说明绝对式位移测量装置和增量式位移测量装置的区别。

5 如何理解机械手编程时的点位控制和连续轨迹控制？

6 传动轴 2(位置编号 15)因疲劳断裂受损。
   a) 何时会出现疲劳断裂？

   b) 如何根据外表区分疲劳断裂和过载断裂？

7 请列举保养装配工作站时需要完成的三项工作。

(1) _____

_____

(2) _____

_____

(3) _____

_____

8 为了确保冲压时滚轮夹紧,需要张力 $F_{sp}=500$ N。请计算工作压力 $p_e=5$ bar、效率 $\eta=0.88$ 时双作用气缸的活塞直径。

结业考试第二部分　模拟题

工业机械师

加工技术 A 部分（客观题，即选择题）

考生姓名：　　　　　　　　　　　　　　　　日期：

培训方：

培训职业：

考试时间：A 部分和 B 部分总计 105 分钟

辅助工具：手册、公式集、便携计算器、绘图工具

使用的手册：

A 部分答题说明：

1. 笔试试题集由以下部分组成：

   （1）附有零件清单、平面图、图表的图纸。

   （2）A 部分包括 28 道客观题（给出了规定的答案选项）。

   （3）B 部分包括 8 道主观题（需要用自己的语言组织答案）。

   （4）答题卡。

   考生可以自行决定 A 部分和 B 部分的答题顺序。

2. 考生必须回答 A 部分 28 道试题（客观题）中的 25 道，剩余 3 道题由考生决定不作答。
   选择不作答试题的考生必须在答题卡上用竖线划掉（参见答题卡模板）。若没有划掉任何试题，则最后 3 道选答题不评分。
   28 道题中有 8 道为必答题。需注意试题上带有黑色阴影强调的"必答题"提示。若必答题未作答，则扣分。

3. 在 A 部分的客观题中，5 个选项中只有一个是正确的，因此只能选择一个选项。若多选，则扣分。
   请仔细阅读试题与选项，并选择正确的答案。首先在试题处打×，最后在答题卡的相应位置处打×。

4. 所有选择题作答并打×标记后，请在答题卡的正确选项处打×。
   若需修改答案，则参照右图中的方法将标记涂黑并在正确的选项处重新打×。

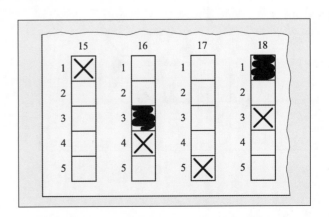

加工技术

A 部分：选择题（客观题）

1

使用 CNC 机床加工机械手的传动轴 2（位置编号 15）。下列关于 CNC 加工优点的说法哪项是错误的？

① 切削过程无法优化
② CNC 加工保持高精度
③ CNC 加工的生产时间短
④ 通过 CNC 加工生产较复杂的工件
⑤ CNC 加工能较好地实现自动化

2

如图所示为 CNC 车床的位移测量装置。该装置属于哪种位移测量装置？

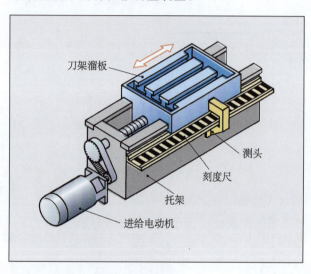

① 绝对直接式位移测量装置
② 绝对间接式位移测量装置
③ 增量直接式位移测量装置
④ 增量间接式位移测量装置
⑤ 绝对位移测量装置

3（必答题）

如图所示，哪个点标注的是 CNC 机床的工件原点？

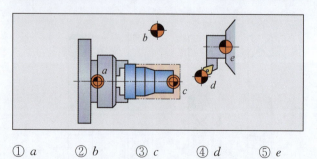

① a ② b ③ c ④ d ⑤ e

4

传动轴 2（位置编号 15）的退刀槽用于 CNC 机床编程。应选择哪项 PAL 功能？

① G0   ② G31
③ G23   ④ G85
⑤ G98

5

车刀在旋转中心后面时，哪个方向是 CNC 机床 X 轴的正方向？

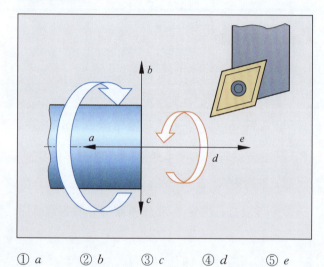

① a ② b ③ c ④ d ⑤ e

6

径向推力球轴承（位置编号 9）的内径 d 是多少？

① $d=72$ mm   ② $d=35$ mm
③ $d=20$ mm   ④ $d=15$ mm
⑤ $d=11$ mm

7（必答题）

如果根据公差等级 6 加工径向推力球轴承的孔，传动轴 2（位置编号 15）和径向推力球轴承（位置编号 9）间的最大过盈和最小过盈是多少？

	最大过盈	最小过盈
①	−0.031 mm	−0.012 mm
②	−0.006 mm	−0.003 mm
③	−0.018 mm	−0.008 mm
④	−0.008 mm	−0.002 mm
⑤	−0.026 mm	−0.024 mm

8（必答题）

圆柱齿轮(位置编号14和位置编号20)表面进行硬化处理。此时,可以使用下列哪种硬化方法?
① 渗碳作用
② 渗氮硬化
③ 感应淬火
④ 表面硬化
⑤ 直接淬火

9

车削传动轴2(位置编号15)时,下列关于图中切削楔的说法哪项是正确的?

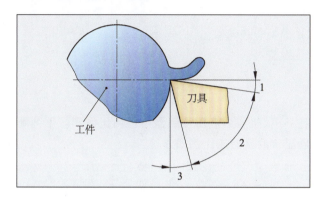

① 加工硬质材料时,角1要变大
② 待加工的材料越硬,角3越大
③ 待加工的材料越软,角1和角3越小
④ 角的大小不受材料影响,而受刀具材料的影响
⑤ 待加工的材料越硬,角2越大

10

在普通车床上车削传动轴2(位置编号15)时,车刀因疏忽放置高于中心。下列说法哪项是正确的?
① 放热增强
② 车刀前角会变小
③ 对切削加工没有任何影响
④ 车刀后角会变小
⑤ 车刀后角会变大

11

如何理解车削时的"刀具寿命"?
① 从车床停止工作到夹紧新刀具的时间
② 从车床在车间停止工作到加工出现磨耗的时间
③ 使用寿命是指刀具从投入使用起,直至达到允许磨损的时间
④ 刀具从原点移向机床零点需要的时间
⑤ 切入路径回到原点所需要的时间

12

如图所示为带有磨损痕迹的转位式刀片。下列哪项名称与图中数字相符合?

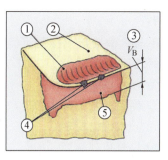

① 前刀面磨损
② 磨损标记宽度
③ 切削表面
④ 切削表面磨损
⑤ 边缘磨损

13

传动轴2(位置编号15)上要铣削键槽。下列哪种铣刀用于铣削键槽?
① 键槽铣刀
② 球头端铣刀
③ 模具铣刀
④ 圆盘铣刀
⑤ 套式立铣刀

14

如果公式 $f_z = \dfrac{v_f}{z \cdot n}$ 用于计算铣刀每齿的进给量,那么可以推断出哪项公式用于计算转速 n?

① $f_z = \dfrac{v_f \cdot d \cdot z}{\pi \cdot v_c}$
② $f_z = \dfrac{v_f \cdot \pi \cdot v_c}{d \cdot z}$
③ $f_z = \dfrac{v_f \cdot \pi}{d \cdot z \cdot v_c}$
④ $f_z = \dfrac{v_f}{d \cdot z \cdot v_c \cdot \pi}$
⑤ $f_z = \dfrac{v_f \cdot \pi \cdot d}{z \cdot v_c}$

15（必答题）

如图所示,CNC机床上标有强制性标识。从哪个声压级起必须戴听力保护装置?

① 80 db（A）
② 85 db（A）
③ 95 db（A）
④ 100 db（A）
⑤ 120 db（A）

16

使用普通车床生产传动轴2(位置编号15)时,前臂和手的皮肤沾到了切削液(KSS)。为了防止皮肤受到伤害,应采取什么措施?
① 定期地控制KSS的浓度
② 给前臂和手涂上皮肤保护霜
③ 操作机床时戴上手套
④ 开始工作前给手涂上稀释了的KSS
⑤ 开始工作前把手彻底消毒

17

手与除油清洁剂接触可能会导致哪种危害健康的后遗症?

① 损害皮肤
② 导致严重的健康隐患,如癌症
③ 导致听力受损
④ 导致精神恍惚
⑤ 很昂贵

18

完成加工后,测量出传动轴 2(位置编号 15)的直径 $d=15j5$。请问,要使用下列哪种测量工具?

① 螺纹环规　　　　② 游标卡尺
③ 半径量规　　　　④ 量块
⑤ 外径千分尺

19

完成加工后,检测出传动轴 2(位置编号 15)的键槽宽度 $b=4P9$。请问,要使用下列哪种测量工具检测尺寸?

① 外径千分尺　　　② 量规
③ 极限卡规　　　　④ 量块
⑤ 半径规

20（必答题）

加工传动轴 2(位置编号 15)时温度达到 45℃。温度达到 20℃时,用外径千分尺测量出直径 $d=23$ mm,那么该测量误差为多少?

① 0.009 26 mm　　② 0.006 84 mm
③ 0.002 50 mm　　④ 0.001 61 mm
⑤ 0.001 58 mm

21

下列哪项浮动公差要填写在传动轴 2(位置编号 15)图纸的 X 处?

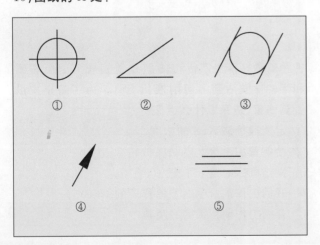

22（必答题）

通过液压在 CNC 机床上夹紧工件。下列哪种压缩机用于产生液压?

① 螺旋式压缩机　　② 罗茨压缩机
③ 隔膜压缩机　　　④ 涡轮压缩机
⑤ 轴向活塞压缩机

23

压缩机转速保持不变时,通过哪种压缩机可以调整 CNC 机床中的液压油量?

① 叶片泵　　　　　② 外啮合齿轮泵
③ 内啮合齿轮泵　　④ 活塞泵
⑤ 螺旋泵

24

在 CNC 机床的液压控制器中使用比例阀。下列哪项显示的是液压比例阀?

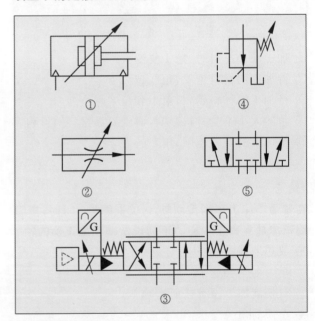

25（必答题）

径向推力球轴承(位置编号 9)要安装到下壳(位置编号 7)。下列哪项是正确的安装图?

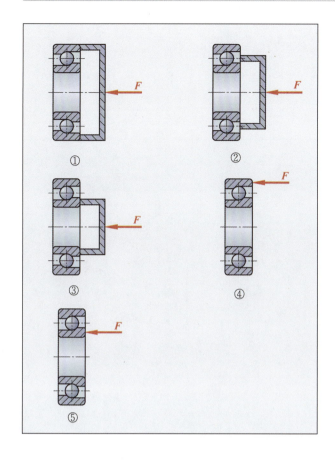

26

安装径向推力球轴承（位置编号 9）时有什么注意事项？

① 要考虑轴承间隙
② 安装前要完全除去轴承上的油污
③ 传动轴 2 的轴承座尺寸要磨至 $d=15H7$
④ 安装期间通过扩张钳扩张轴承内环
⑤ 安装后才使用轴承的滚珠

27

企业通过质量管理体系委派您参与"KVP"，"KVP"的含义是什么？

① 不断改进编程
② 省钱地改进过程
③ 清晰且规定的编程
④ 过程控制
⑤ 持续改进过程

28（必答题）

批量生产同种部件时使用质量控制图。质量控制图有很多种类。

下列哪幅图表显示了原始数据图？

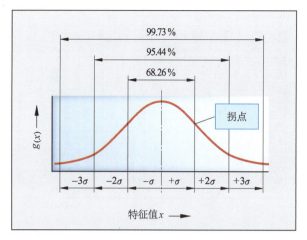

①

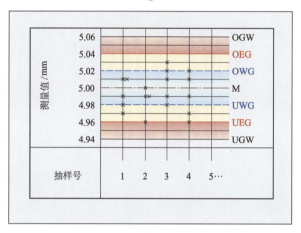

②

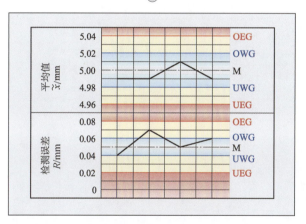

③

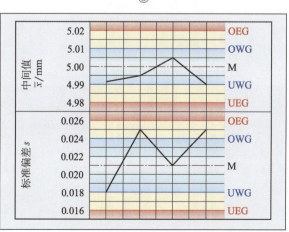

④

零件:盖子		抽样范围 $n=50$									检验间隔: 60 min			
缺陷类型		缺陷频率∑									∑	%	缺陷比重
蚀刻	F1		1				1				2	0.44	
压伤	F2	1	2		2	1	2	2	2	2	14	3.11	
生锈	F3		1			1			1		3	0.66	
毛刺	F4	1									1	0.22	
开裂	F5		1								1	0.22	
角度缺陷	F6	2		3	1		3	1		2	12	2.66	
变形	F7					1					1	0.22	
缺螺纹	F8		1								1	0.22	
有缺陷的零件:		4	6	3	3	3	5	4	3	4	35	7.78	
抽样号.		1	2	3	4	5	6	7	8	9			

⑤

第二部分　结业考试模拟题

答题卡模板

结业考试第二部分笔试试题　日期：_____

考生姓名：_____

培训方：_____

培训专业：_____

必答题

选择不作答的5道试题必须用竖线划掉。

答题卡

结业考试第二部分　加工技术 A 部分（选择题）

考生姓名：_____　　日期：_____

培训方：_____

培训职业：_____

请遵守答题说明！

结业考试第二部分　模拟题

工业机械师

加工技术 B 部分（简答题）

考生姓名：＿＿＿＿＿＿＿＿＿＿＿＿＿＿＿＿＿＿＿＿＿　日期：＿＿＿＿＿＿＿＿＿＿＿＿＿

培训方：＿＿＿＿＿＿＿＿＿＿＿＿＿＿＿＿＿＿＿＿＿＿＿＿＿＿＿＿＿＿＿＿＿＿＿＿＿＿

培训职业：＿＿＿＿＿＿＿＿＿＿＿＿＿＿＿＿＿＿＿＿＿＿＿＿＿＿＿＿＿＿＿＿＿＿＿＿

考试时间：A 部分和 B 部分总计 105 分钟

辅助工具：手册、公式集、便携计算器、绘图工具

使用的手册：＿＿＿＿＿＿＿＿＿＿＿＿＿＿＿＿＿＿＿＿＿＿＿＿＿＿＿＿＿＿＿＿＿＿

B 部分答题说明：

1. 结业考试第二部分的 B 部分包括 8 道简答题。

2. 部分试题与考试图纸有关。

3. 必须回答所有试题。

4. 答题尽可能使用简洁的语句。

5. 回答数学题时要将所有计算步骤填写在指定区域。

6. 请遵循以下顺序：原始公式，转换公式，数值（包括单位）代入转换公式，计算结果（包括单位）。

考试试题：

1. 装配工作站上出现了一个故障。检查机械手连杆时发现：机械手减速器的传动轴2（位置编号15）损坏，必须更换新的传动轴。
2. 维修机械手时应对整个装配工作站进行维护。

   为了准备传动轴2（位置编号15）的加工和装配工作站的维护，请完成相关问题和任务。

B 部分：主观题

提示：如有必要，请使用《简明机械手册》答题。

1 请绘制传动轴2（位置编号15）退刀槽的草图并将尺寸标注完整。

2 请计算键槽宽度4P9的最小及最大尺寸。

3 请描述工具钢的淬火过程。

4 使用 HSS 车刀切断传动轴 2(位置编号 15)的原料时,起始距离 $l_a = 3$ mm,请计算加工时间。

5 使用外径千分尺测量传动轴 2(位置编号 15)的轴倒棱 $\phi 17j5$。请说明外径千分尺的工作原理。

6 加工传动轴 2(位置编号 15)的键槽时要使用铣刀。与高速钢铣刀相比,使用硬质合金铣刀有什么优点?

7 为什么要进行机床性能试验？

题 7 评分

8 测量球轴承压入滚轮的深度并统计该评估测量值。
请绘制正态分布的压入深度-频率图，并在图中标注平均值、标准偏差和正态分布曲线的拐点。

题 8 评分

参 考 答 案

第一部分　学习领域工作页

学习领域 1：使用手动操作工具加工工件

指导项目：钻模板

简答题

1

a) 划线前，加工毛坯件的两个外表面，使两面平整且呈直角。以这两个面为测量基准面，将所有尺寸标注至目标工件，必要时要划线或打样冲。划线过程中，对称工件的中心线一般作为测量基准线。

b) 划线时使用的工具或辅具有：划针、样冲、划线平台和角尺。通过划针在目标工件上划线。样冲用于标记孔中心。角尺用于工件的定位。

c) 按照技术图纸的尺寸生产辅具，用于批量生产，如钻模或者其他模板。

2

a) 传统加工时，标注的尺寸一般从测量基准面的交点和基准点开始测量，即绝对尺寸。如果从一个起点开始形成一序列尺寸，这就是增量尺寸，后面尺寸根据前面尺寸的增量得出。

b) 绝对尺寸示例：

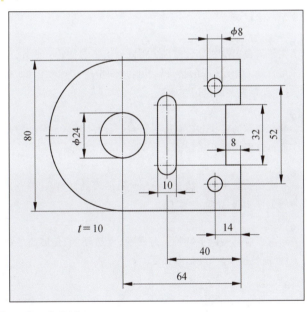

增量尺寸示例：

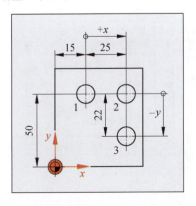

c) 绝对尺寸在传统加工领域使用甚广，如图示钻模板。增量尺寸用于一些 CNC 技术的应用。

3

a) 通过极坐标标注尺寸时，工件上的"显著位置"作为基准点，即极坐标的极点（坐标原点）。工件上每个点的坐标位置可通过该点与极点的距离（半径 r）和极角（φ）确定。必要时可能要换算成直角坐标。

b) 通过极坐标标注多孔圆盘：

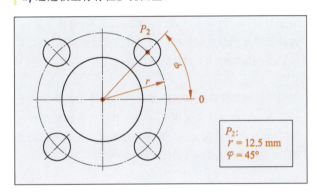

通过直角坐标标注多孔圆盘：

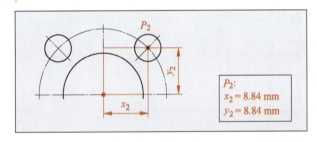

4

a) 打样冲：借助样冲用一个小槽标记划线和孔中心。

b) 为了尽可能减少表面的磨损，划线时使用顶角为 40° 的样冲。孔中心打样冲时使用顶角为 90° 的样冲。

c) 通过检查样冲眼可以检查孔的位置。

5

a) 为了减少或者预防事故发生，要遵循以下行为方式：
   （1）使用劳动保护用具；
   （2）隔离危险的工作区域；
   （3）每个负责人都必须排查机床和设备的安全隐患。

b) 噪音危险—调整板材。
   受伤危险—旋转的刀具。
   压伤危险—掉下的重物。
   过敏危险—冷却液。

c) 安全帽、发网、护目镜、耳塞、手套、劳保鞋、防护服、听力保护装置。

6

工位上发生事故的原因多种多样，漫不经心、精神恍惚和无知最容易导致事故的发生。

例如，过快地运输重物（漫不经心）；没有事先查出问题所在（精神恍惚）；接触有害健康的事物时没有使用相应的防护工具（无知）。

7

a) 安全标志有四种类别：
(1) 救护标志为绿/白色，正方形。
(2) 禁止标志为红/白色，在圆圈里(圆形)。
(3) 警告标志为黄/黑色，三角形(尖端朝上)。
(4) 号令标志为蓝/白色，圆形。

b) 救护标志：聚集点，急救箱，救护道(逃生通道)。
禁止标志：火焰，明火和烟，禁止行人。
警告标志：危险电压警告。
号令标志：佩戴呼吸防护装置。

8

a) 划针材料：钢(硬化)、硬质合金或者黄铜(铜锌合金)。
b) 由低强度钢制成的钻模板划线时没有特殊要求，因此可以使用尖端经淬火硬化的划针。

9

图示划线测量仪将数显高度测量仪和划线工具的功能合二为一。图示型号装有用于划线的划针。转换至测量工作时，划针将更换为卡规。借助数显器读数可以进行高差测量(在任意位置归零)，划线时将更换划针。

10

a) ① 为切削楔；② 为楔角；③ 为后角；④ 为切削面；⑤ 为前角。
b) 切削刃必须比被加工的材料硬，且尽可能耐磨。

11

a) 左图：楔角相对较小的切削楔。该切削楔的后角和前角相对较大。
右图：楔角较大的切削楔。该切削楔的后角和前角相对较小。
b) 左图切削楔：切削。
右图切削楔：刮研。
c) 左图切削刃用于相对较软的材料，右图切削刃用于相对较硬的材料。

12

a)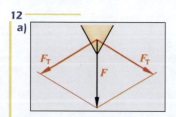

b) $F_T = 200$ N。

13

冲击力 F 取决于凿子的角度和被加工材料的硬度。

学习领域2：使用机床加工工件

指导项目1：钻床

简答题

1

机床的主要功能是材料转换(加工)。毛坯件(输入)通过切削加工成为成品件(输出)。
机床的辅助功能：转换能量或者处理信息。

2

部件序号	功能部件的名称	具体零件
组件1	传动装置	电动机
组件2	动能传输和转化组件	皮带传动、轴
组件3	承重和支撑组件	底座、机台、立柱
组件4	固定装置和夹具	卡盘
组件5	信息转化组件	送料杆、工艺计算机

3

钻床的力传动包括下列零部件：主传动(电动机)、传动装置(皮带传动)、主轴、卡盘、刀具(钻头)。

4

机床的承重和支撑组件承受了所有作用力并将这些力引至底座。
作用力包括所有零部件和工件的重力、切削加工过程中产生的切削力以及运动时零部件的振动力。
例如，钻床头有一个由球墨铸铁制成的坚固外壳，靠着钻床立柱。它承受传动装置和驱动装置的重力，并将钻孔应力施加于工件。

5

机床和加工设备使用的三个安全装置：急停开关，机床挡板，压床的双手控制器。
紧急停止开关用于在危急情况下急速关闭机床。
机床挡板用于保护操作人员免被四下乱飞的碎屑所伤，以及减少噪音污染。
压床的双手控制器可以避免冲压过程中工作人员将手放至危险区域。

6

工作人员因疏忽导致扁平工件随钻头一起旋转。此外，使用直径 $D \geq 8$ mm 的钻头钻孔时应固定所有要加工的工件(如固定夹头或机用虎钳)。

7

改变钻床的转速和(自动)进给量。此外，供给足量的冷却液可以影响钻孔质量。

8

影响钻孔质量的方法有：选择合适的刀具材料，选择合适的工件原料，正确夹紧工件。

9

切削刃应具备以下特性：高硬度、高热硬度、足够高的韧性、高抗压强度、高抗弯强度。

10

$n = \dfrac{v_c}{\pi \cdot d}$，$d = \dfrac{v_c}{\pi \cdot n}$。

11

如果切削过程中选择的切削速度过高，刀具的切削刃磨损非常快(参照右图)，无法达到刀具的期望使用寿命。在这种不利情况下，刀具的切削刃和加工表面会被损坏。

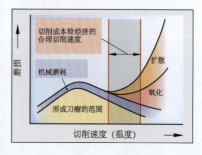

指导项目2：紧固件

12
钻孔：圆周切削运动的切削加工，通常用于加工圆柱孔。沿孔轴心方向直线做进给运动。经常使用的刀具为麻花钻。

锪孔：沿旋转轴线方向加工圆柱形或锥形面的钻孔。也可以加工与旋转轴线垂直的端面。锪孔刀具包括：端面锪钻、平底锪钻、锥形锪钻。

铰孔：为提高表面光洁度，使用铰刀进行微量切削加工的钻孔。

13
a)、b) 钻孔（位置编号7，ϕ 4H7）工作计划：

工序	工具/辅具	转速/min^{-1}
检测毛坯尺寸	游标卡尺	
孔划线与打样冲	划线平台、高度尺、样冲	
孔ϕ 4H7 定心	钻床、虎钳、中心钻	2 000
孔ϕ 4H7 预钻	钻床、虎钳、麻花钻 ϕ 3.8 mm (v_c = 30 m/min)	2 500
孔ϕ 4H7 铰孔	铰刀ϕ 4H7 (v_c = 10 m/min)	795
孔去毛刺	锥形锪钻	
检测孔	圆柱塞规ϕ 4H7	

c) 位置编号10标记的孔在紧固件的两边。紧固件左边的孔由平底沉孔（ϕ 12 mm）和通孔（ϕ 7 mm）构成，用于插入螺钉（内六角圆柱头螺钉）。右边的孔上有螺纹（ϕ M6），可以旋上螺栓。拧紧螺栓可以减小夹紧间隙（20 mm），从而达到紧固的效果。

14
通过转速曲线图能够快速查明转速。转速曲线图可以直接用于设定机床转速，也可以在重新设定机床的负荷转速后使用。使用切削速度公式计算转速时与机床无关，可以得出准确的转速。在装有无级传动装置的机床上可以准确地设置转速。

15
测量是借助合适的测量装置将一个尺寸与相应的单位对比，从而确定实际尺寸。测量的尺寸及其描述可以通过数字传递显示。

用量规检测工件的形状或尺寸。检测结果可显示工件是否合格还是存在不允许的误差。用量规检测的优点：迅速得知尺寸是否正确，应用量规相对安全。几乎可以排除操作错误的可能性。

16
a) 系统性测量误差是由恒定因素和一直重复的误差因素引起的。例如，测量时温度过高。在测量结果中可以进行误差修正。

偶然性测量误差是因偶然的影响因素产生的。例如，变动的测量力。偶然性测量误差的大小和方向都不固定，也无法测量和修正。

b) 系统性测量误差实例：温度，测量力，刻度或分度误差，磨损的测量面。

偶然性测量误差实例：操作错误，变动的测量力，不同的温度。

17
为了省去技术图纸中公差尺寸的说明或者无需再填写公差尺寸，确立了标准化的普通公差（DIN SIO 2768-1）。

用于长度和角度的普通公差划分为4个公差等级（精细、中等、粗糙、很粗糙）。

如果技术图纸附有说明，那么图纸上所有未标注公差的尺寸都与普通公差有关。

已标注普通公差的每个尺寸偏差都能从表格中提取。

18
紧固件检测表

序号	待检测尺寸的名称	标称尺寸	偏差	最小尺寸	最大尺寸	所选检测工具	说明选择理由
1	工件高度	40 mm	±0.3 mm	39.7 mm	40.3 mm	游标卡尺	0.1 mm范围内的测量是可能的*
2	槽宽	25 mm	±0.2 mm	24.8 mm	25.2 mm	游标卡尺	0.1 mm范围内的测量是可能的*
3	工件宽度	40 mm	±0.3 mm	39.7 mm	40.3 mm	游标卡尺	0.1 mm范围内的测量是可能的*
4	间距尺寸（内爪）	20 mm	±0.2 mm	19.8 mm	20.2 mm	游标卡尺	0.1 mm范围内的测量是可能的*
5	孔中心的高度（ϕ 4H7）	20 mm	±0.2 mm	19.8 mm	20.2 mm	游标卡尺、数显	0.1 mm范围内的测量和归零是可能的
6	孔的中心距离（ϕ 4H7）	25 mm	±0.2 mm	24.8 mm	25.2 mm	游标卡尺、数显	0.1 mm范围内的测量和归零是可能的
7	孔的直径（ϕ 4H7）	4 mm	+0.012 mm −0.000 mm	4.000 mm	4.012 mm	圆柱塞规（ϕ 4H7）	孔的结论：合格或废品
8	螺棱宽度（上爪）	5 mm	±0.1 mm	4.9 mm	5.1 mm	游标卡尺	0.1 mm范围内的测量是可能的*

续表

序号	待检测尺寸的名称	标称尺寸	偏差	最小尺寸	最大尺寸	所选检测工具	说明选择理由
9	倒角（上爪）	45°	±0°30′	44°30′	45°30′	万能量角器	5′范围内的测量是可能的
10	螺纹	M6				圆柱螺纹塞规	螺纹的功能检测是可能的

*数显游标卡尺也可以替代上述（常规的）游标卡尺测量表中的待检测尺寸。原则上，使用带游标的常规游标卡尺就足以测量尺寸。

学习领域3：简单组件的加工

指导项目：钻模

简答题

1

通过钻模可以在许多同种工件或特定的基本样品工件上快速钻直径为12 mm的孔。
各部件具有以下功能：

部件及位置编号	用途/功能原理
底座（位置编号1）	支撑钻模的其他部件
压板（位置编号2）	作为工件的侧边挡板
盖板（位置编号3）	通过合上和打开来放置和取出工件
圆柱销（位置编号4）	连接叉形连接件（位置编号6）和盖板（位置编号3），转动盖板
带肩钻套（位置编号5）	引导钻头，确定钻孔位置
叉形连接件（位置编号6）	通过圆柱销支撑盖板（位置编号3），连接盖板和底座（位置编号1）
圆柱头螺钉（位置编号7）	固紧底座上的叉形连接件（位置编号6）和压板（位置编号2）

2

叉形连接件（位置编号6）的图纸需要两个视图。尺寸可以从试题（图纸、零件清单）中得知。

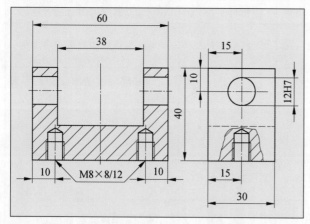

3

a) 通过底座上相应的沉孔可以"埋入"圆柱头螺钉。这样螺钉头就不会越过工件边缘，也不会阻碍夹具的固定。
b) 可以通过材料连接两个部件，如胶粘、钎焊或者焊接。
c) 上述三种连接方法意义不大，因为这样压板无法拆卸或更换。此外，钎焊和焊接时会产生热应力，导致夹具弯曲。

4

按照下列顺序装配盖板式钻模。

工作步骤部件	工具连接件
连接底座（位置编号1）和压板（位置编号2）	内六角扳手、圆柱头螺钉
连接底座（位置编号1）和叉形连接件（位置编号6）	内六角扳手、圆柱头螺钉
带肩钻套（位置编号5）装入盖板（位置编号3）	垫圈、尼龙锤
用圆柱销（位置编号4）将盖板（位置编号3）固定于叉形连接件（位置编号6）	垫圈、尼龙锤
检测钻模的功能	检测夹紧状态下盖板的功能，检测孔在工件上的位置

5

盖板检测表				
名称	尺寸/mm	公差	偏差/mm	检测工具
长度	100	普通公差 m	±0.3	游标卡尺
宽度	38	普通公差 m	±0.3	游标卡尺
高度	16	普通公差 m	±0.2	游标卡尺
孔径 ϕ18H7	18	H7	+0.018 −0.000	圆柱塞规

6

配合类型分为间隙配合、过渡配合、过盈配合。

间隙配合用于轴上的间隔衬套或杠杆轴承。过渡配合用于轴上的齿轮或钻套。过盈配合用于滑动轴承轴套或锁环（参见《机械制造工程基础》第47页"表1　配合的选择"）。

7

叉形连接件/盖板偏差表					
名称	尺寸	公差	偏差/mm	配合尺寸/mm	
叉形连接件	38	H7	+0.025 −0.000	G_{oB}=38.025 G_{uB}=38.000	
盖板	38	f7	−0.020 −0.041	G_{oW}=37.980 G_{uW}=37.959	
最大间隙		P_{SH}		$\begin{array}{r}38.025\\-37.959\\\hline =\mathbf{0.066}\end{array}$	
最小间隙		P_{SM}		$\begin{array}{r}38.000\\-37.980\\\hline =\mathbf{0.020}\end{array}$	

8

a) 加工过程中，盖板（位置编号3）和带肩钻套（位置编号5）之间的配合需与钻套匹配，并且保证在钻套磨损或损坏的情况下可以正常更换。

b) 通过极限上的过渡配合到过盈配合来实现上述要求（参见《机械制造工程基础》第47页"表1　配合的选择"），相应的配合为H7/n6。

c)

名称	尺寸/mm	公差	偏差/mm	配合尺寸/mm
盖板	18	H7	+0.018 −0.000	G_{oB}=18.018 G_{uB}=18.000
钻套	18	n6	−0.023 −0.012	G_{oW}=18.023 G_{uW}=18.012
最大间隙		P_{SH}		$\begin{array}{r}18.018\\-18.012\\\hline =\mathbf{0.006}\end{array}$
最大过盈		P_{SM}		$\begin{array}{r}18.000\\-18.023\\\hline =\mathbf{-0.023}\end{array}$

9

a) 带肩钻套应尽可能减少磨损。可由硬化合金钢制成。经过淬火处理的轴套硬度通常>60 HRC。

b) 经过淬火热处理后钢变得坚硬和耐磨。淬火有4道工序：加热、保持淬火温度、急冷、回火。

10

a) $M = F \cdot L$

b) $M = 150\,\text{N} \cdot 0.085\,\text{m} = 12.75\,\text{N} \cdot \text{m}$

c) 要使杠杆平衡，作用在杠杆上的两个力矩（力与力臂的乘积）大小必须相等，如图所示。

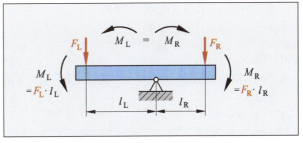

11

a) 三张图的连接分别为材料连接、形状连接、力连接。

材料连接时材料与要连接的零件相结合。

形状连接时零部件的表面和连接件的表面相匹配。

力连接时表面互相用力挤压出现力的传递，由此产生较大的摩擦力。

b) 材料连接：钎焊、焊接和胶粘。

形状连接：能够通过销、铆钉和滑键实现。

力连接：零部件的螺栓连接、热压配合和挤压式连接。

c) 连接一般分为可拆卸和不可拆卸连接。另一种区分连接的标准则是固定连接和移动连接。例如，丝杆实现了零件或整个组件的位移。

d) 压板（位置编号2）和叉形连接件（位置编号6）通过螺栓与底座（位置编号1）连接，这两种连接属于力连接。

圆柱销（位置编号4）与叉形连接件（位置编号6）和盖板（位置编号3）连接属于形状连接。

带肩钻套（位置编号5）和盖板（位置编号3）通过临界过盈配合的过渡配合连接，该连接也属于力连接。

12

a) 控制技术中的控制类型包括：采用空气作为动力的气动控制，运用液体动力的液压控制和通过电实现的电气控制。其中，也有一系列的"混合系统"，比如电气动控制，其混合结构通常通过供气、电气或电子实现控制。

b) **气动控制的优点：**

- 可无级调节气缸的力和速度。
- 气缸和气动马达可达到极高的速度和转速。
- 压缩空气能够储存在压力容器中。
- 压缩空气装置可以因过载直至停止运行，却不受损坏。

液压控制的优点：

- 高压能够产生极大的力。
- 可无级调速。
- 因为液压油的低压缩性而做匀速运动。
- 通过限压阀达到更安全的过载保护。

气动控制的缺点：

- 无法达到较大的活塞作用力。
- 因为空气的压缩性，活塞速度不可能达到匀速。
- 外排的压缩空气导致噪音污染。
- 无固定止挡，气缸不能伸出停留在准确位置上。

液压控制的缺点：

- 出现漏油，存在事故隐患。
- 温升并导致液压液的黏度改变。

- 泵和液压马达以及阀门的开关噪音。
- 对于液压液的过滤有很高要求。

13
a) 答案见题 12。
b) 两个双向止回阀和一个 4/2 换向阀参与双作用气缸的控制。
c) 气缸通过两个双向止回阀以不同的速度伸出和缩回。气缸的活塞通过排气节流匀速伸出。
d) 单作用气缸的进气节流见右图。

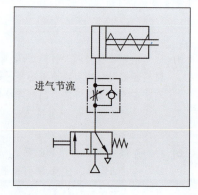
进气节流

学习领域 4：技术系统的保养

指导项目：带锯床的保养与改善

简答题

1

编号	组件	功能单元
1	V 形皮带传动	能量传输单元
2	电动机	传动单元
3	锯带导向装置调节器	承重和支撑单元
4	虎钳	承重和支撑单元
5	锯带夹紧装置	承重和支撑单元
6	锯轮	承重和支撑单元
7	锯带	工作单元
8	锯带导向装置	承重和支撑单元
9	终端按钮	控制单元
10	外壳	工作安全单元

2
四条维护的基本措施：
保养：所有减缓机床（技术系统）磨损的措施。
检查：检查时可以确定并判断机床（技术系统）当前的状态（实际状态），明确磨损的原因并确定是否可以继续使用。
维修：所有使故障机床（技术系统）重新回到正常运作状态的措施均属于维修。
优化：所有提升和改善机床（技术系统）功能安全性的措施。

3
检查时确定并判断技术系统的实际状态，明确磨损的原因并确定是否可以继续使用。
保养时采取减缓机床磨损的措施。

4

保养	检查	维修
给锯带导向装置调节器上油	检查 V 形皮带传动是否固定	更换钝的锯带
给 V 形皮带传动的轴承上油	检查终端按钮的损坏情况	更换磨损的 V 形皮带

5
a) 故障维护：
- 更换断裂的 V 形皮带。
- 焊接/更换断裂的锯带。
- 更换故障轴承。
- 更换损坏的终端按钮。

b) 预防性维护：
- 运行 100 小时后，用轴承替换锯轮。
- 运行 500 小时后，更换 V 形皮带。
- 运行 500 小时后，更换带轮。

c) 状态维护：
- 能听见运行噪音时更换轴承。
- 有肉眼可见的磨损痕迹时更换 V 形皮带。

6
a) 保养过程中应遵守如下安全准则：
- 保养前机床必须断电，防止未授权者再次启动机床。
- 必须马上清理滴到地面上的油或者撒上粗砂。
- 为了不将工具遗忘在带锯床的传动箱中，保养前后均须清点工具。
- 注意辅助材料和润滑剂厂商规定的安全须知。

b) 保养时需要用到的工具有：
- 螺帽扳手工具套装。
- 环形扳手工具套装。
- 螺丝刀工具套装。
- 内六角扳手工具套装。
- 锤子。

c) 查阅《机械制造工程基础》可知：
CLP100：润滑油，以含有防生锈和防磨损添加剂的矿物油为基础；ISO 黏度等级 100。
K1K：润滑脂，以用于滚动轴承、滑动轴承和滑动面的矿物油为基础；稠度 1；附加字母 K：工作温度上限 +120 ℃，不与或几乎不与水发生作用。
K2M：润滑脂，以矿物油为基础；稠度 2；附加字母 M：工作温度上限 +120 ℃，与水发生轻微作用。
KP2K：润滑脂，以矿物油为基础，用于减少摩擦；稠度 2；附加字母 K：工作温度上限 +120 ℃，不与水发生作用。

d) 把用过的润滑剂以及被润滑油弄脏的布放至规定的容器。由专业公司按照规定进行清理。

7
用大拇指按压 V 形皮带的最长部位。V 形皮带上应有大拇指宽的压痕。
用大拇指和食指抓住并转动 V 形皮带最长且外露的一侧。V 形皮带最多旋转 $\frac{1}{4}$。

8

通过将手动夹紧装置改装成电气动夹紧装置可以优化夹紧过程,比如张力和调整时间。为了避免操作人员受伤,可以使用双手操作式安全开关。

9

工业机械师不可以实施该项工作。除非通过电工指导工作。在 VDE100 中这样描述:"电气设备的运行和操作需由电工进行。外行人可以通过电气设备的相关授课成为接受过指导的人。指导必须由电工完成。接受过电工学知识指导的人只允许参与电气设备上部分常规工作。"

10

通过下列措施防止生锈:
- 给外壳生锈的位置涂油。
- 清洗外壳生锈的位置并喷漆。
- 将整个外壳喷砂处理,接着热镀锌。

11

同时按下按钮 S1 和按钮 S2,打开接触器 K1。电磁线圈 1M1 和 2M1 通电,控制 5/2 换向阀 1V1 和 2V1。气缸 1A1 和 2A1 伸出。

12

13

安全措施:
- 注意切削液厂商提供的安全数据页。
- 避免与切削液产生不必要的身体接触。要立刻更换沾到切削液的衣服。
- 只能用规定的容器装载和储存切削液。
- 用合适的增稠剂清理溢在地上的切削液(小心滑倒)。
- 接触切削液后皮肤发红或者有其他现象后需立刻就医。
- 纯油切削液大多数由代理商回收。
- 混水的切削液会被专业公司清理并进行相应的净化。水会从油中分离[例如,通过离心力分离法、离子交换膜法、加热方法(蒸馏法)、絮凝]。如果这些水对企业而言存在经济利益(每年废料体积≥100 m³ 时企业内部分离能带来经济利益),也可以在企业内部对其进行分离。

14

a) 所有灯并联。并联电路的优点:一盏灯坏了,另外两盏灯继续亮!
如果每盏灯的电压为 80 V,则必须把所有灯串联在一起(3×80 V=240 V)。
因为每盏灯都由各自的开关控制,所以每盏灯的电压必须是 230 V 并且是并联电路。如果有一个开关没有开,则对应的灯不亮。

b) 并联电路接线图如下图所示。

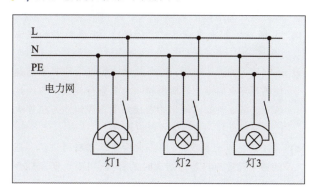

15

S1　　　带常开的调节开关
K1/K10　继电器线圈
H1　　　灯
M1　　　三相交流电动机

16

a) 电压器见下图。

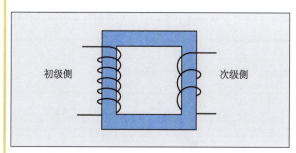

b) 变压器由一块环形铁芯和两个互感耦合的线圈组成。初级侧通上交流电 I_1,环形铁芯中产生交变磁场。通过该磁场次级侧中可以感应到电流 I_2。

c) 感应的电流与匝数成反比,电压与匝数成正比,即

$$\frac{N_1}{N_2} = \frac{U_1}{U_2} = \frac{I_2}{I_1}$$

则 $N_1 = \dfrac{N_2 \cdot U_1}{U_2} = \dfrac{60 \cdot 400 \text{ V}}{24 \text{ V}} = 1\,000$

d) $\dfrac{N_1}{N_2} = \dfrac{1\,000}{60} \approx 16.7$

学习领域 5:使用机床加工零件

指导项目:滚轮轴承

简答题

1

a) 滚轮轴承的特有结构允许其通过较小的力传送零部件。
例如,在一台运输设备上,可利用滚轮运输多个同样构造的零部件。

b) 滚轮通过轴销(位置编号 4)插到不远处的支架。轴销支撑两个向心球轴承(位置编号 3),其间距通过定距环(位置编号 2)确定。两个向心球轴承支撑滚轮。通过挡圈(位置编号 5)可以防止向心球轴承纵向移动。通过 4 个圆柱头螺钉(位置编号 7)与滚轮连接的轴承盖(位置编号 6),可以防止轴承变脏。

2

a) 滚轮的表面淬火后,滚轮的表层又硬又耐磨,同时心部保持原有的良好韧性。通过该热处理方法可使两个必需的特性集中在一个工件上。

b) 工件表层的淬火方法:火焰淬火、渗碳淬火和渗氮淬火。

c) 火焰淬火的工艺过程:用高温度火焰将工件表面迅速加热至淬火温度。然后用喷水装置急冷淬火。使用这种方法可以改变已硬化的表层厚度。使用该方法淬火的表层深度在一定限度内可以改变。

d) 为了避免应力裂纹,工件淬火后通常需要回火。合适的回火温度与热处理结束时的材料、期望硬度和韧性有关。

3

a) 洛氏硬度试验(缩写:HRC)。

b) 洛氏硬度试验包括以下四个步骤:

- 通过初始试验力将试验压头(120°的金刚石锥体)压入工件。
- 施加一定的试验力并保持一段时间。
- 卸除试验力(保留初始试验力)。
- 在测量装置的刻度上直接读取压头的残余深度,即硬度(HRC硬度)。

4

从滚轮(M1∶1)的装配图中可得知尺寸。

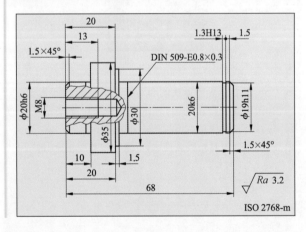

5

a)

名称	尺寸/mm	公差	偏差/μm	检测仪
孔的直径	20	H7	$^{+21}_{\ \ 0}$	圆柱塞规 20H7
销钉直径	20	h6	$^{\ \ 0}_{-13}$	极限卡规 20h6

b) 孔 ϕ20H7 与轴 ϕ20h6 接合时产生间隙很小的间隙配合。

c) 轴销(位置编号 4)表面绝大部分都有配合尺寸的公差参数,配合尺寸根据特定功能得出。例如,轴销支撑两个球轴承,表面参数为 12.5 μm 时,不能保证所要求的功能。

6

圆柱塞规的通端检验孔的最小尺寸为 G_{uB},止端检验孔的最大尺寸为 G_{oB}。根据泰勒原则,为了能同时检验工件的部分尺寸和形状,圆柱塞规的通端要宽于止端。

7

加工轴销(位置编号 4)的工作计划		
工作步骤	刀具、辅具、切削速度	切削参数(转速/min^{-1})
测量毛坯件尺寸	游标卡尺	
夹紧工件	三爪卡盘	
工件右侧端面车削	HSS 车刀 $v_c = 50$ m/min	318.3 (ϕ 50 mm)
粗车削纵向轮廓 (ϕ35、ϕ30 和ϕ20k6)	HSS 车刀 $v_c = 50$ m/min	318.3 (ϕ 50 mm)
精车削纵向轮廓 (ϕ35 和ϕ30)	HSS 车刀 $v_c = 70$ m/min	636.6 (ϕ 35 mm)
车削槽 DIN509	HSS 车刀	
精车削纵向轮廓 ϕ20k6	HSS 车刀 $v_c = 70$ m/min	1 114.1 (ϕ 20 mm)
车削挡圈的槽	切槽刀	
车刀换成ϕ35	三爪卡盘	
工件左侧长度和端面车削	HSS 车刀 $v_c = 50$ m/min	318.3 (ϕ 50 mm)
粗车削纵向轮廓 20h6	HSS 车刀 $v_c = 50$ m/min	454.7 (ϕ 35 mm)
车削槽 DIN509	HSS 车刀	
精车削纵向轮廓 20h6	HSS 车刀 $v_c = 70$ m/min	1 114.1 (ϕ 20 mm)
螺纹孔定中心	中心钻	
钻螺纹 M8 的底孔,去毛刺	钻头 (ϕ 6.7 mm) $v_c = 40$ m/min	1 900.4 (ϕ 6.7 mm)
攻螺纹 M8	丝锥 M8,HSS $v_c = 20$ m/min	795.8 (ϕ 8 mm)
取下工件并检查尺寸	测量工具	

8

a) 计算车削时间的公式为

$$t_h = \frac{L \cdot i}{n \cdot f}$$

其中 L 为车削长度,i 为走刀次数,n 为转速,f 为进给量。

b) 根据所给出的数据能计算出粗加工(4 次走刀)所需时间为 1.52 min,精加工(1 次走刀)所需时间为 0.76 min,共需时间 2.28 min。

c) 该公式不能用于其他加工方法的原因：与车削不同，钻孔与铣削时使用的是两刃或多刃刀具。计算切削加工时间时必须要考虑这个因素。

9

a) 计算粗糙度理论值的公式为

$$Rt_h = \frac{f^2}{8 \cdot r}$$

其中 f 为设置的进给量，r 为刀尖圆弧半径。

b) 精加工表面时进给量 $f=0.1$ mm，刀尖圆弧半径 $r=0.25$ mm。

10

a) 白刚玉或普通刚玉。

b) 砂轮粒度应为 60~80。

c) 圆周速度最高为 50 m/s。

11

a) 切屑形状：带状切屑、杂乱的切屑、长螺旋形切屑、短螺旋形切屑、锥状螺旋形切屑、盘状螺旋形切屑、碎裂切屑。

b) 通常追求紧密且能滚动的切屑形状（比如短圆的螺旋形切屑、锥状螺旋形切屑）。

理想状态下的切削形状是紧密且能滚动的（比如短的圆柱状螺旋形切屑、锥状螺旋形切屑）。因为相对长的切屑，这种切屑形状的切屑占用的空间小。

极短的切屑也可通过冷却润滑装置的过滤器过滤掉。

c) 设置转速、进给量和切削深度时，通过选择合适的切削条件可产生较好的切削形状。

通过使用合金材料可以提高切屑易碎性；比如在易切削钢中添加微量硫含量。切削面的形状也会影响切屑的形成。使用转位刀片加工时，会在排屑槽中出现短切屑。

12

a) 现代化刀具材料的基本要求：
- 硬度和热硬度高；
- 耐磨性高；
- 耐热疲劳性；
- 抗压强度高；
- 抗弯强度高；
- 韧性足够高。

b) 加工时选择恰当的刀具材料可以达到以下目的：
- 经济的加工；
- 刀具成本低；
- 表面质量高；
- 刀具使用寿命长；
- 应用范围足够广。

c)

切削材料	切削速度	热硬度
高速钢	$v_c \leqslant 70$ m/min 左右	最高约为 600 ℃
硬质合金	$v_c \leqslant 350$ m/min 左右	最高约为 1 000 ℃
陶瓷	$v_c \leqslant 1\,000$ m/min 左右（精加工时）	最高约为 1 500 ℃

13

切削液的主要功能：冷却、润滑刀具和工件的工作表面。

学习领域 6：技术系统的安装和调试

指导项目：装配工作站的控制

简答题

1

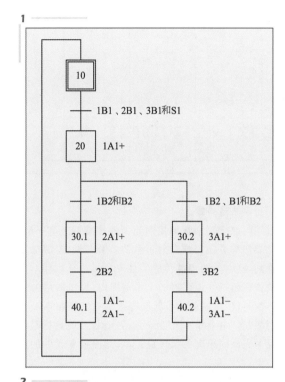

2

a) 主动传感器通过激活产生能量效应，比如电压。

相反，被动传感器改变电气特性（比如改变电感或者电容）。

b) 使用两个被动传感器检测材料：同时使用一个电容传感器和一个电感传感器。如果只有电容传感器有反应，则表示是塑料件；如果两个传感器同时有反应，则表示是金属件。

3

a) 防止操作人员无意中伸手触碰设备和工作元件（压伤危险）。

b) 光幕的价格便宜；具有安全装置；与需要开关的安全门不同，光幕不会干扰到正常的工作流程。

c) 单路光栅上安装了相对着的发射器和接收器。发射器和接收器之间的光束被阻断时，单路光栅就会发出信号。

d)

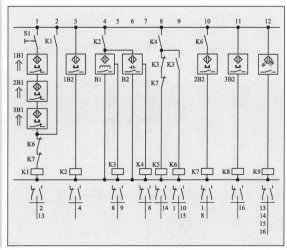

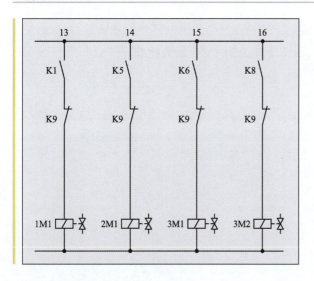

4
a) 使用超声波传感器。
b) 通过控制电子周期性地控制超声波传感器。第一步，传感器像扩音器一样发射正弦波。第二步，控制电子转换到接收器，超声波传感器像麦克风一样运作。如果物体在超声波传感器的工作范围内，发出的信号被物体反射，传感器的信号就会作为反射波被超声波传感器接收。电子部件评定信号。声音信号的运行时间由反射表面的距离的长短决定，以此测量零部件的正确位置。

5
a) • 气动压入缸尺寸较小时能传输较大的力。
• 可以无级调节速度。
• 由于液压液具有低压缩性，液压缸做匀速运动。
• 通过限压阀实现更安全的过载保护。
• 具有较好的可控制性和可调节性。

b)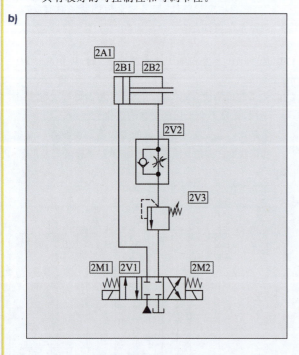

c) 由 $p_e = \dfrac{F}{A}$, $A = \dfrac{\pi \cdot d^2}{4}$ 推导出 $p_e = \dfrac{4 \cdot F}{\pi \cdot d^2}$，则

$$d = \sqrt{\dfrac{4F}{\pi p_e}} = \sqrt{\dfrac{4 \cdot 600\ \text{N}}{\pi \cdot 30\ \text{bar}}} = 15.96\ \text{mm}$$

d) 限压阀作为保险阀。液压缸产生极大的力，可能会损坏部件。限压阀限制所产生的压力，以此保护各部件不会过载。
e) 限压阀通过调节弹簧将闭锁元件压入阀座。由于压力较大，系统中产生的力比设定的弹簧力大，阀打开。液压液流回储油箱。

f)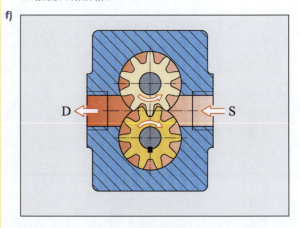

g) 体积流量：单位时间内液压泵输送的液体体积。
h) 定量泵：每转的理论排量不变的泵。
变量泵：排量可调节的泵。
定量泵：齿轮泵、泵转子固定的叶片泵。
变量泵：泵转子可移动的叶片泵、斜轴式轴向柱塞泵。
i) 气囊式蓄能器、膜片式蓄能器、活塞式蓄能器。
j) 以矿物油为基础的液压油、阻燃性液体以及生物可分解的液体。
k) 以矿物油为基础的液压油。因为设备不能遭受高温且不在生态敏感的区域运行。

6
a) 通过调节螺栓设定系统所需的压力。
如果尽可能地往外旋转调节螺栓，活塞会关闭压力管接口(1)到工作接口(2)的通道。
如果向内旋转调节螺栓，压力弹簧向膜片施加力。力通过推杆和活塞传递，闭锁弹簧的力和通过压力管接口上的压力而产生的力产生反作用。活塞打开，通过细长的间隙将压力管接口和工作接口连接。
压力管接口上的高压扩散至平衡孔和膜片，并施加一定的力。这个力与压力弹簧的力成反作用。回位弹簧将活塞推向上方，压力管接口和活塞之间的间隙闭合。
如果工作接口上的压缩空气被提取出来，工作接口上的压力会再次降低，施加在膜片上的力减少，压力弹簧的力足够通过推杆和活塞朝着回位弹簧向下压，接着再次出现小的间隙。
如果不断提取工作接口的压缩空气，小的连接间隙会一直保持打开状态，压缩空气可以不断流动。

b) 因作用于弹簧管外表面的力大于作用于内表面的力，因此，弹簧管向内弯曲(直径变大)。
齿轮通过摇杆和扇形齿轮旋转，固定在齿轮上的指针其摆幅与压力成正比。

参考答案　　157

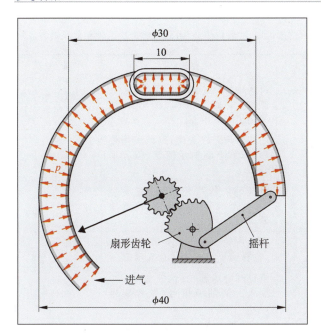

7
a) 通过空气中的导向板产生涡流。
循环的涡流促使水滴和空气中的灰尘颗粒产生离心力。水滴和颗粒被抛向外,撞到观察窗侧面,接着在观察窗上向下滑。
脱水后的空气可以顺着导向锥流经空气过滤器并在那儿进一步清除灰尘颗粒。
保护罩是为了不让水从观察窗的底部再回到回旋空气中并通过空气过滤器去除。
b) 洁净的空气从左向右流经油雾器。压力管道中有一个狭窄部位——文丘里喷嘴。空气必须以较快的速度流经该狭窄部位。
文丘里喷嘴的外部区域上产生低压。因此,油位观察窗的压力小于储油器。油通过虹吸管从油位观察窗上升,滴到喷管中。
流动的空气带走喷管中的油,将其散布在空气中。

8
a) • 传感器 2B2 损坏。
• 5/2 换向阀 2V1 损坏。
• 接触器 K5 损坏。
b) • 检查传感器的指示灯。
• 检查传感器的电压。
• K6 断电。
c) 可以,作为一名拥有电气控制专业资质的工业机械师可以完成这些操作。
操作电气设备要求具备相关的电气专业知识。非电气专业人员可通过参加与工作中所接触的电气设备相关的授课上升为受过专业培训的人员。但必须由电气专业人员授课。接受过相关授课的人允许参与电气设备的部分操作。

学习领域 7：技术系统的装配
指导项目：装配锥齿轮传动
简答题

1
a) 位置编号 8：径向推力球轴承。
位置编号 20：自调心球轴承。
b) 承受径向力和轴向力。
c) 承受径向力,补偿不同心度。
d) 定距环保证了两个轴颈间的距离。

2
渗碳钢：碳(C)0.16%,锰(Mn)1.25%,微量铬(Cr)。

3
位置标号 14：径向轴密封圈。
位置编号 22：挡圈。

4
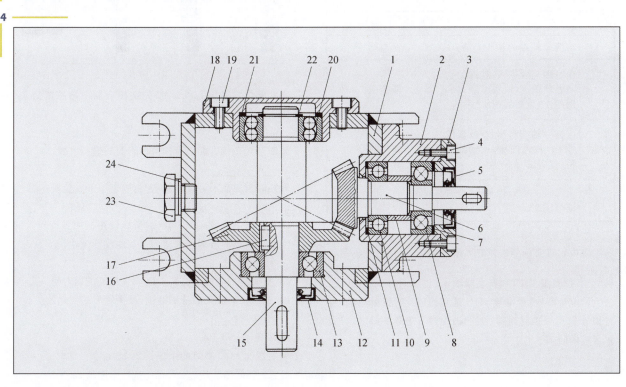

装配计划：带轴承的小锥齿轮轴（位置编号 2～10）。

序号	工作流程	工具/辅具
1	准备零件、工具和辅具	—
2	给轴肩（位置编号 6）上油	润滑脂
3	调节垫圈（位置编号 11）装入轴承箱（位置编号 2）	—
4	向心球轴承（位置编号 10）压入轴承箱（位置编号 2）	液压机，装配用套管
5	将锥齿轮轴（位置编号 6）和向心球轴承（位置编号 10）装入轴承箱（位置编号 2）	—
6	压紧定距环（位置编号 9）	液压机，装配用套管
7	用润滑脂填充定距环和轴承箱之间的空隙	润滑脂
8	将径向推力球轴承（位置编号 8）压至锥齿轮轴（位置编号 6）	液压机，装配用套管
9	装上调节垫圈	—
10	用圆柱头螺钉（位置编号 4）拧紧轴承盖（位置编号 3）	内六角扳手
11	用润滑脂填充空隙	润滑脂
12	将径向轴密封圈（位置编号 5）压入轴承盖（位置编号 3）的间隙	—

5
装配计划：带轴承（从位置编号 13～22 中选择位置编号 15 进行装配）。

序号	工作流程	工具/辅具
1	给两个轴端的轴头上油	润滑脂
2	在短轴肩上压紧双排的自调心球轴承（位置编号 20），用挡圈（位置编号 22）固定	液压机
3	在另一轴端将滑键（位置编号 16）装入凹槽，压紧锥齿轮（位置编号 17）	液压机
4	压入径向推力球轴承（位置编号 13）	液压机

6
装配锥齿轮时要调节齿面的间隙。

7
轴承箱（位置编号 2）和向心球轴承（位置编号 10）之间放一个调节垫圈（位置编号 11）。通过快速旋转锥齿轮轴（位置编号 6）可以控制间隙。通过改变调节垫圈的厚度，可设置合适的间隙。

8
装配计划：锥齿轮传动（由两个锥齿轮组件和轴承箱组成）。

序号	工作流程	工具/辅具
1	将定距环（位置编号 21）压入上侧轴承箱盖（位置编号 18），用润滑脂填充盖内腔	润滑脂液压机
2	用内六角圆柱头螺钉（位置编号 19）拧紧上侧轴承箱盖（位置编号 18）	内六角扳手
3	将预装的锥齿轮轴（位置编号 15）从下面装入齿轮箱（位置编号 1）	—
4	大锥齿轮（位置编号 17）和轴 2（位置编号 6）的小锥齿轮啮合	—
5	将自调心球轴承（位置编号 20）压入上侧轴承箱盖（位置编号 18）的空隙	—
6	谨慎地将下侧轴承箱盖（位置编号 12）压至径向推力球轴承（位置编号 13），拧紧轴承箱盖（位置编号 12）	内六角扳手
7	用润滑脂填充轴承箱盖的空隙	润滑脂
8	用手将径向轴密封圈（位置编号 14）压入轴承箱盖（位置编号 12）的空隙	—
9	检测锥齿轮轴（位置编号 15）是否可以平稳转动	—

9

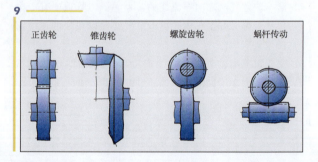

正齿轮　锥齿轮　螺旋齿轮　蜗杆传动

10
在装配位置编号 1 和 2 时，先在接合面上涂抹密封膏（液体密封料）。

11
装配前先在接合面上涂抹液体密封料进行密封。

12
安装时密封圈不可以倾斜；密封唇口不可以受损。

13
因为齿面上的表面压力较大，所以使用抗压强度较大的润滑剂。这类润滑剂特别适用于双曲线锥齿轮。

14
a) 宽实线代表的是符合 DIN 509 标准的退刀槽。
b) 退刀槽减轻轴的外圆磨削，减少轴肩的切口效应。

15
螺钉符合 ISO 4672。
米制螺纹 M8。螺钉的螺杆长 20 mm。
螺钉的强度等级为 8.8，即最小抗拉强度为 $100 \cdot 8 \text{ N/mm}^2 = 800 \text{ N/mm}^2$，最小屈服强度为 $10 \cdot 8 \cdot 8 \text{ N/mm}^2 = 640 \text{ N/mm}^2$。

16

在干净和干燥的环境下安装轴承和轴；轴承必须涂抹防锈润滑脂。

17

可以使用化学胶黏剂来固定螺钉。

18

首先，通过锥齿轮轴（位置编号6）检测传动装置的灵活性。

其次，旋出油封螺丝后可以读出油位量尺的数值。

接着，在锥齿轮轴（位置编号6）上通过离合器连接电机，并在锥齿轮轴（位置编号15）上通过法兰连接负载制动器。

之后，锥齿轮传动在额定转速（额定旋转速度）和额定负载力矩下运转3小时。每间隔15分钟测量一次传动箱的温度。

锥齿轮传动的检测记录表		
传动的灵活性		✓
油标高度		18 cm
试运行		✓
额定转速/min^{-1}		182
负载力矩/(N·m)		354
传动箱的温度/℃	开始	8
	15 分钟	36
	30 分钟	42
	45 分钟	43
	⋮	⋮
	165 分钟	42
	180 分钟	43
检查齿面的表面承压曲线图		✓
换油		✓

19

锥齿轮传动应尽可能地轻松运转并且不需要承受很大的轴承力。对于这个要求，滚动轴承比滑动轴承更合适。

20

滚动轴承会产生滚动摩擦。这里是滚动摩擦和滑动摩擦的结合。

21

力作用于两个面上会产生表面压力。例如，相互啮合的齿轮面、滚动轴承圈上滚动轴承的支承面。

22

a) 如果粗糙度过大，连接时要铲平材料顶部，无法达到理想中的轴承配合。

b) 可以通过内圆磨削达到该粗糙度。

23

a) 解：

因 $Q = c \cdot m \cdot \Delta t$

又 $m_{\text{Öl}} = Q_{\text{Öl}} \cdot V_{\text{Öl}} = 0.91 \text{ kg/dm}^3 \cdot 3.6 \text{ dm}^3 = 3.276 \text{ kg}$

故 $Q = 2.09 \text{ kJ/(kg·K)} \cdot 3.276 \text{ kg} \cdot 26 \text{ ℃} \approx 178 \text{ kJ}$

b) $\Delta l = \alpha \cdot l_1 \cdot \Delta t$

$= 0.000\,012 \text{ ℃}^{-1} \cdot 468 \text{ mm} \cdot 26 \text{ ℃} \approx 0.146 \text{ mm}$

24

a) 解：

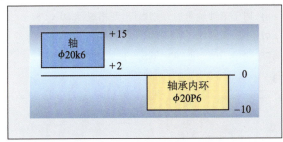

$P_{\text{ÜM}} = ES - ei = 0 \text{ μm} - 2 \text{ μm} = -2 \text{ μm}$

$P_{\text{ÜH}} = EI - es = -10 \text{ μm} - 15 \text{ μm} = -25 \text{ μm}$

b) 内环至轴颈的间隙至少为 10 μm（=0.010 mm），轴承内环的内径拉长：

$\Delta l = 25 \text{ μm} + 10 \text{ μm} = 35 \text{ μm}$

由 $\Delta l = \alpha \cdot l_1 \cdot \Delta t$，得

$\Delta t = \dfrac{\Delta l}{\alpha \cdot l_1} = \dfrac{0.035 \text{ mm}}{0.000\,012 \dfrac{1}{℃} \cdot 20 \text{ mm}} \approx 146 \text{ ℃}$

$t = 20 \text{ ℃} + 146 \text{ ℃} = 166 \text{ ℃}$

25

a) 滑键将锥齿轮（位置编号17）的扭矩传递至锥齿轮轴（位置编号15）。

b) 特别适用于碰撞和高负荷的花键连接、齿轮连接、多边形连接。

26

径向推力球轴承（位置编号13）属于固定轴承，自调心球轴承（位置编号20）属于浮动轴承。

27

优先使用滑动轴承：
- 用于小轴颈的轴承（带润滑剂储备且无需保养）。
- 用于高负荷轴颈的多层滑动轴承（带润滑油）。

优先使用滚动轴承：
- 要求轴承平稳运行、可更换且价格便宜。

学习领域8：数控机床的加工

指导项目：锥齿轮轴的轴承

简答题

1

a) 径向轴密封圈，RWDR。

b)

c) 丁腈橡胶制成的弹性体。

2
a) 用于滚动轴承的开槽螺母,开槽螺母 DIN 981。
b) 米制细螺纹：M25×1.5。
c) 外径：$d_2=38$ mm,宽度：$h=7$ mm。

3

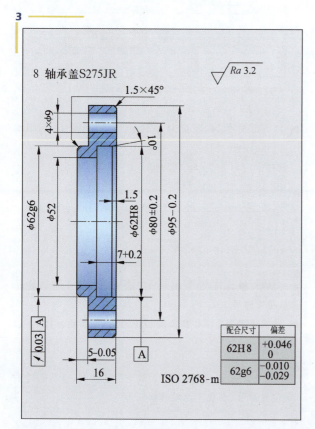

4
a)

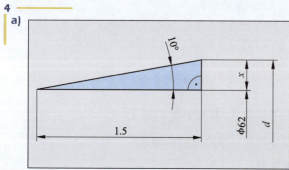

$x=1.5$ mm $\cdot \tan 10°=1.5 \cdot 0.176=0.264$ mm
$d=62$ mm $+ 2 \cdot 0.264$ mm $=62.528$ mm

b) %9

N10	T06	M06		
N20	G96	F0.1	S745	M04
N30	G00	X62.528	Z2	
N40	G01	Z0		
N50	G01	X62.023	Z−1.5	
N60	G01	Z−7		
N70	G01	X52		
N80	G01	Z−17		
N90	G00	X50		
N100	G00	Z2		
N110	G00	X100	Z100	M30

5
a) 无级调节直流电机或者频率控制的高性能交流电机。
b) 使用无间隙且平稳运行的滚珠丝杠。
c) 机床床身特别的坚硬,振动小。
d) 要求至少有 2D-轨迹控制。
e) Z 轴正方向相当于尾座主轴。X 轴正方向与 Z 轴成直角并对准车刀。
f) 可以像在分度器一样在车床上进行分度。此外,可以车非圆。

6
a) 尺寸 D 相当于位置编号 9 零件的直径 $d_1=38$ mm。

b)

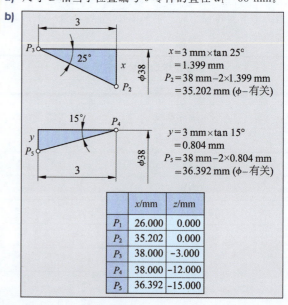

$x=3$ mm $\times \tan 25°$
$=1.399$ mm
$P_2=38$ mm -2×1.399 mm
$=35.202$ mm (ϕ-有关)

$y=3$ mm $\times \tan 15°$
$=0.804$ mm
$P_5=38$ mm -2×0.804 mm
$=36.392$ mm (ϕ-有关)

	x/mm	z/mm
P_1	26.000	0.000
P_2	35.202	0.000
P_3	38.000	−3.000
P_4	38.000	−12.000
P_5	36.392	−15.000

c)
N10	G01	X25	Z0
N20	X35.202		
N30	X38	Z−3	
N40	Z−12		
N50	X36.392	Z−15	

7
a)

	切削循环的参数
R20	成品轮廓的子程序
R21	成品轮廓的起点 $X(P_0)$
R22	成品轮廓的起点 $2(P_0)$
R24	精加工余量 X
R25	精加工余量 2
R26	切削深度
R27	SRK 的路径条件
R23	循环类型(31 次粗加工、21 次精加工)
L95	调用循环
⋮	子程序
N45 G0 X32 Z4	L10
N50 G96 S200 F0.4	N5 G01 X22 Z−1.5
N55 R2010 R2130 R222	N10 Z−30
N60 R240−5 R250−1	N15 X23.1
N65 R264 R2742 R2931	N20 X25 Z−31

N70 L95
⋮
N90 G0 X32 Z4
N95 G96 S250 F0.1
N100 R2010 R2130 R222
N105 R240 R250 R2742
N110 R2921
N115 L95

N25 Z−49.8
N30 X22.7 Z−51.8
N35 Z−55
N40 X26
N45 Z−75
N50 X27
N55 X30 Z76.5
N60 M17

b)

螺纹车削循环参数
R0 螺距
R21 起点 X(绝对)
R22 起点 Z(绝对)
R23 空切次数
R24 螺纹深度(增量,带符号)
R25 精加工深度(增量,无符号)
R26 导入路径 Z_E(增量,无符号)
R27 退出路径(0:控制器选择)
R28 粗加工次数
R29 进给角(增量,无符号)
R31 X 轴终点
R32 Z 轴终点
L97 调用循环

$$n = \frac{v_c}{\pi \cdot d} = \frac{120 \text{ m} \cdot \text{min}^{-1}}{\pi \cdot 0.025 \text{m}} = 1\,530 \text{ min}^{-1}$$

$$Z_E = \frac{P \cdot n}{K} = \frac{1.5 \text{ mm} \cdot 1\,530 \text{ min}^{-1}}{600 \text{ min}^{-1}} \approx 3.8 \text{ mm}$$

螺纹深度 $h_3 = 0.613\,4 \cdot P = 0.613\,4 \cdot 1.5$ mm
$= 0.92$ mm

螺纹循环参数:
R201.5   R2125   R22−30   R232   R24−0.92
R250.05 R263.8 R270   R286   R2929 R3125
R32−52

c) N 16 AI 95 AI 80 X21.35 Z−30 B0.6 B0.6

8

a) G81:钻孔循环。
   G82:带断屑的深孔钻削循环。
   G83:带断屑和排屑的深孔钻削循环。
b) 标准的钻孔循环 G81。
c) ⋮
   N75 G40
   N80 T11 M06
   N85 F100 S955 M03
   N90 G81 ZA−15 V1 W1 M07
   N95 G77 R40 AN0 AI90 O4 IA0 JA0
   N100 G0 ⋯
   ⋮

9

P_1	X0	Y20
P_2	X34.641	Y0
P_3	X113.218	Y0
P_4	X130	Y20
P_5	X114	Y20
P_6	X90	Y110
P_7	X30	Y75

P_2:
$X_2 = \dfrac{20 \text{ mm}}{\tan 30°} = 34.641$ mm

P_3:
$X_3 = 130 − X_3'$
$X_3' = 20$ mm $\cdot \tan 40°$
$\quad = 16.782$ mm
$X_3 = 130$ mm $− 16.782$ mm
$\quad = 113.218$ mm

P_5: $X_5 = 130$ mm $− 16$ mm
$\quad = 114$ mm

P_6: $Y_6 = 125$ mm $− 15$ mm
$\quad = 110$ mm

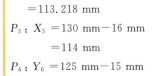
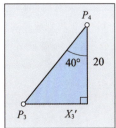

10

N1   G00   F550   S3350   T01   M3
N2   G00   X0   Y0   Z−8
N3   G42
N4   G01   X10   Y10
N5   G01   X22
N6   G03   X34.5 Y22.5 I0   J12.5
N7   G01   Y34.5
N8   G01   X24.474 Y40
N9   G01   X10
N10 G01   Y36.246
N11 G02   X10   Y19.754 I−6.5 J−8.246
N12 G01   Y8
N13 G40
N14 G00   X0   Y0   Z100   M30

学习领域 9:技术系统的维修

指导项目:车床中出现故障的定心顶尖

简答题

1

检查:检查时确定机床当前的状态(实际状态),对比理论值与实际值。查明磨损原因以及继续使用会导致的后果。

维修:所有使机床重新正常运转的措施都属于维修。

2

a) 三种维护方案：应急性维护方案，状态性维护方案，预防性维护方案。
   - 应急性维护：如果组件出现故障或者机床因故障停机，机床才进行维护。该维护方案用于机床较少使用的情况。短暂性的停机对生产没有太大影响。该方案可以充分利用机床组件的使用寿命。只有需要更换故障组件时才会产生费用。
     方案的缺点：维修时间紧迫，备件的仓储费高。
   - 预防性维护：防止机床突然停机。遭受高应变/磨损的组件，在其导致机床停机之前将其更换。
     预防性维护之前要先查明并分析各种影响因素，如使用时间、温度、负荷类型等，因为必要的维护措施是基于这些数据确定的。机床生产商通常会在保养资料中说明预防性维护的保养周期。
   - 状态性维护：预防性维护的特殊类型。测量机床磨损时可使用该方案。
     状态性维护成了汽车工业的标准。现代汽车配有一台行车计算机，通过传感器获取不同的磨损状态和运行时间，由此确定下次检查的期限。

b) 维护出现故障的定心顶尖属于应急性维护方案。机床出现了故障（出现嘎嘎作响的噪音并变热），该故障必须被排除，否则将导致定心顶尖无法正常工作。

c) 优点：
   - 充分利用机床组件的使用寿命。
   - 只有必须更换组件时才会产生费用。

   缺点：
   - 维修时间紧迫。
   - 备件的仓储费高。
   - 生产中止。

3

基本安全措施：
- 车床断电，禁止未经授权者重新启动。
- 清除切屑。
- 滴落在地板上的润滑剂必须马上用拖把拖干净（滑倒危险）。

4

部件	维护工作
Ⅲ 带主轴的主轴箱	检查油位
Ⅳ 横刀架	控制导向装置的间隙，润滑
Ⅴ 刀架溜板	控制导向装置的间隙，润滑
Ⅶ 上刀架	控制导向装置的间隙，润滑

5

位置编号	名称
4	螺纹销
5	圆锥滚子轴承
6	挡圈
7	滚针轴承
8	卡圈
10	挡圈

6

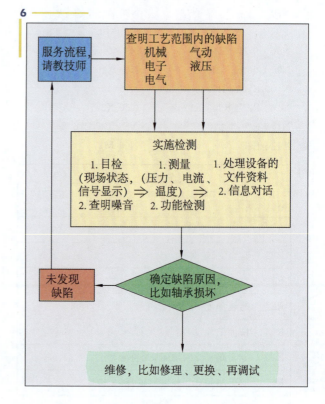

7

序号	维修定心顶尖的步骤
1	找到定心顶尖的图纸
2	查明运转噪音和变热的原因
3	拆卸定心顶尖
4	寻找故障件的损坏原因
5	更换故障件
6	装配定心顶尖
7	写故障报告
8	给出将来可以避免机床故障的改善性建议

8

a) 圆锥滚子轴承承受一个方向上较大的径向力和轴向力。
   圆锥滚子轴承可以调整。
   成对安装的圆锥滚子轴承能够承受两个方向上的轴向力。

b) 因为滚针直径很小，滚针轴承占用的空间也很小。

c) 右边的圆锥滚子轴承。

d) 定心顶尖（位置编号2）无法轴向固定。

9

螺纹销（位置编号4）可防止双孔螺栓（位置编号3）旋转和松动。

10

序号	定心顶尖的拆卸流程
1	拧松螺纹销（位置编号4）
2	移除双孔螺栓（位置编号3）
3	拆除定心顶尖（位置编号2）及圆锥滚子轴承（位置编号5）、挡圈（位置编号6）、滚针轴承（位置编号7）的内部滚动体、卡圈（位置编号8）

续表

序号	定心顶尖的拆卸流程
4	移除卡圈(位置编号8)
5	取下滚针轴承(位置编号7)的内圈
6	移除挡圈(位置编号6)
7	取下圆锥滚子轴承(位置编号5)
8	移除挡圈(位置编号10)
9	取出隔片(位置编号9)
10	拆除滚针轴承(位置编号7)

11

维护费用由下列费用组成：

保养、检查和维修费用，包括人员、材料、备件、辅助材料和生产原料、能源和生产设备的费用。

可能还包括设备停机导致的亏损费用。

12

- 总费用曲线通过每个检查间隔期数值上的黑色和蓝色曲线值相加得到。
- 在总费用曲线数值的最低点上可以看出，每年费用最低的检查间隔期次数为2。

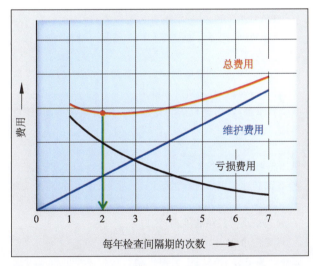

13

a) 黏着。当两个物体表面的某些位置在没有润滑剂的情况下触碰并且受到力作用时，会出现黏着。对滑动面的接触位置进行焊接。

由于两个物体的相互作用，焊接点再次断裂。产生的细微磨损颗粒会导致其他磨损。

磨蚀。一个物体的粗糙尖端损坏另一个物体的表面。

由于两个物体间的相互作用，材料被切成屑状而冲蚀。

由此产生凹槽和沟痕(如盘式制动器)。此外，无法在轴承材料中嵌入的硬杂质颗粒(如氧化物和灰尘)会导致磨蚀磨损。

摩擦氧化。由于物体之间受压点的材料松动会导致材料与环境中的氧气发生化学反应(氧化反应)。

表面陈化。如果组件处于动态负荷状态，表面之下会产生微型裂纹。如果组件继续处于动态负荷状态，微型裂纹将延伸至表面，导致材料分离并产生一堆磨损颗粒。

例如，滚动圈需承受滚珠轴承的滚珠增加的负荷，滚珠通过较大压力作用于滚动面，造成滚动圈发生弹性形变并使表面之下的微型裂纹延伸至表面。脱落的颗粒在滚动轴承中由于黏着造成额外磨损。

b) 表面陈化：轴承环的表面因圆锥滚子作用产生负荷，导致表面产生弹性形变，表面之下出现微型裂痕并延伸至表面，同时表面的颗粒会脱落。

c) 轴承突然增加负荷(如安装轴承时或运行期间)、材料缺陷。

d) 为了避免/减少将来的磨损，以及运行期间活顶尖不会出现故障，查明工作面磨损的原因很重要。此外，还可以减少生产费用。

14

圆锥滚子轴承的磨耗允许量是指圆锥滚子轴承允许磨损的最大范围，在这个范围内无需更换零部件。

15

a) 轴承类型，带轴承系列参数的DIN号，宽度和直径系列，钻孔参数。

b) 准确说明圆锥滚子轴承的所有尺寸(见右图)：

$d = 30$ mm，
$D = 62$ mm，
$B = 16$ mm，
$C = 14$ mm，
$T = 17.25$ mm，
$d_1 = 44.6$ mm。

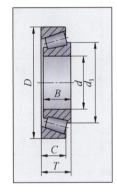

16

润滑剂的作用：避免摩擦、碰撞，减震，防锈，散热，吸收和清除磨损颗粒。

17

- 固体摩擦：固体摩擦时，滑动面相互接触，表面平整性提高。材料不易接合和表面压力过大时可以焊接表面。
- 混合摩擦：出现于运动开始或者润滑不足时。滑动面在某些点上接触，这时产生的摩擦力和磨损小于固体摩擦。但是对于长期持续运行而言，这种摩擦状态仍不允许存在。
- 液体摩擦：理想条件下，润滑材料充分注入滑动面，致使两个滑动面完全分离。因此，摩擦力较小。该摩擦力是通过润滑剂分子彼此的滑动产生的。

18

- 液体润滑剂(油)：液态。
- 润滑脂：膏状。
- 固体润滑剂：固态。

19

黏度：基于液体分子内部摩擦的流动性能。高黏度液体是黏稠的(比如蜂蜜)；低黏度液体是稀薄的(比如水)。

20

润滑脂是最合适的润滑剂。如果要求一次润滑能维持较长时间，则用润滑脂，因为润滑剂不可以后补且成本很高。对圆锥滚子轴承，只能通过拆卸活顶尖后对其润滑。

21

K2K-20润滑剂是以矿物油(NLGL-2级)为基础，用于滚动轴承和滑动轴承(K)的润滑脂，其最高工作温度为+120 ℃(K)，最低工作温度为−20 ℃。

22
a) 合金钢 17CrNi6-6。
b) 0.17% C,1.5% Cr,1.5% Ni。
c) 降低定心顶尖的磨损并延长其使用寿命。

23

序号	定心顶尖的装配流程
1	将滚针轴承(位置编号 7)装入锥套(位置编号 1)
2	将圆锥滚子轴承(位置编号 5)装至定心顶尖轴(位置编号 2)
3	安装挡圈(位置编号 6)
4	将滚针轴承(位置编号 7)的内圈装到定心顶尖,用卡圈(位置编号 8)紧固
5	将定心顶尖(位置编号 2)与圆锥滚子轴承(位置编号 5)和挡圈(位置编号 6)装至锥套(位置编号 1)左侧
6	将隔片(位置编号 9)装至锥套(位置编号 1)右侧
7	安装挡圈(位置编号 10)
8	安装双孔螺栓(位置编号 3),调整轴承间隙
9	拧紧螺纹销(位置编号 4)
10	测试运转/功能检查

24
通过双孔螺栓(位置编号 3)设置圆锥滚子轴承(位置编号 5)的轴承间隙。
拧紧双孔螺栓(位置编号 3),使外轴承套(楔形的)压向圆锥滚子,由此减小轴向和径向的轴承间隙。

25
a) 验收报告应包含以下数据:
定心顶尖的生产商,内部生产号,定心顶尖的产地,验收标准说明,验收标准评估,可能还需要备注,验收者的姓名,验收日期,最后签名。
b) 验收报告由维护人员实施内部维护时填写。如果由外国公司完成维护工作,则由合约方指定人员填写验收报告。

学习领域 10：技术系统的生产和调试

指导项目：手钻变速器

简答题

1
手钻变速器的作用：将主动轴的转速和转矩转变为适合钻轴的转速和转矩。图示变速器可以有两个固定转速。
转速和转矩通过固定的齿轮组(位置编号 6)从主动轴传递至传动轴,再通过可移动的齿轮轴[拨块(位置编号 5)]从传动轴传递至驱动工具的钻轴。左侧拨块(啮合 z_5/z_6)的转速可不同于右侧拨块(啮合 z_3/z_4)。

2
变速器改变转速、转矩和旋转方向。
齿轮传动和手钻变速器的转速和转矩首先从一个齿轮(小齿轮轴)传递至下一个齿轮。两个齿轮和连接轴的旋转方向是相反的。
紧接着,再通过另一个齿轮传动恢复原始的旋转方向。
牵引式传动(皮带传动、链传动)两个连接轴的旋转方向是一致的。
大小不同的齿轮传动时转速会变大或变小：齿轮越小,转速越大；齿轮越大,转速越小。
计算转矩时要注意当时的传动效率。

3
机械式变速器分为不可控(可调)变速器、可控(可调)变速器、无级可控变速器。

4
牵引式传动(传递方式为皮带、链或其他)或者无级可控变速器,如摩擦轮传动。
皮带传动：低噪音,低振动,也能传输较长轴距。皮带传动也应用于机床,如立式钻床。
摩擦轮传动的优点：超负荷时不会受损。传递力的摩擦副在超负荷的情况下滑动。例如,摩擦轮传动用于平缓运行的传送带。

5
a) 传动轴(位置编号 4)主要在施力点上(齿轮的啮合点)负荷扭力。其次,传动轴也负荷弯曲力。
b) 静轴只具有承重和支撑的作用。相反,动轴可以额外传递转矩。因此,静轴仅负荷弯曲力,动轴负荷弯曲力和扭力。
静轴的应用实例：铁道车(环形)与吊车滑轮的轴。

6
交直流电机通过交流电驱动。交直流电机优先用于驱动手动机床,如钻床、拧紧机和磨床。
鉴于其重量,通用电机的转矩较高。随着负荷增加,转矩增加,转速降低。

7
机床主轴传动的要求：
- 在高转速范围中持续运转；
- 无级调速；
- 转速最小时径跳精度高；
- 可定位角度。

三相异步电机主要用作主轴传动。三相异步电机通过皮带传动驱动主轴或者作为内装式电机直接在主轴的基础上建立(直接传动)。

8
a) $i_1 = \dfrac{z_2}{z_1} = \dfrac{48}{10} = 4.8$

$i_2 = \dfrac{z_6}{z_5} = \dfrac{42}{18} \approx 2.33$

$i_{12} = i_1 \cdot i_2 = 4.8 \cdot 2.33 \approx 11.2$

b) $i_3 = \dfrac{z_4}{z_3} = \dfrac{32}{22} = 1.455$

$i_{13} = i_1 \cdot i_2 = 4.8 \cdot 1.455 \approx 6.98$

c) $n_{e12} = \dfrac{n_a}{i_{12}} = \dfrac{5\,000 \text{ min}^{-1}}{11.2} \approx 446.4 \text{ min}^{-1}$

$n_{e13} = \dfrac{n_a}{i_{13}} = \dfrac{5\,000 \text{ min}^{-1}}{6.98} = 716.3 \text{ min}^{-1}$

d) 右侧轴承(向心球轴承)力：

$F_{L2} = \dfrac{3.2 \text{ kN} \cdot 0.08 \text{ m} - 1.2 \text{ kN} \cdot 0.025 \text{ m}}{0.095 \text{ m}} \approx 2.38 \text{ kN}$

左侧轴承(滚针轴承)力:
$$F_{L1}=\frac{3.2\text{ kN}\cdot 0.015\text{ m}-1.2\text{ kN}\cdot 0.07\text{ m}}{0.095\text{ m}}\approx -0.38\text{ kN}$$
负号表示轴承力 F_{L1} 向下。

9

a) 联轴器用于传递轴间的转矩。此外,还有另外三个功能:
- 避免超负荷;
- 减缓冲击;
- 补偿轴的偏移。

b) 联轴器分为可控和不可控两种。

10

a) 力挤压表面时出现"摩擦接合",通过摩擦力可以传递力或转矩。

b) 单片离合器在汽车领域应用广泛。压板通过压力弹簧挤压可轴向移动的从动盘。离合器从动盘压向曲轴上的飞轮。飞轮的转矩通过离合器从动盘两侧上的摩擦片传递至变速器主动轴。分开时,离合器压板受到离合器从动盘的弹簧预紧力回弹。

11

a) 摩擦力 $F_R=F_N\cdot\mu=8\ 500\text{ N}\cdot 0.6=5\ 100\text{ N}$

b) 由 $M_R=F_R\cdot r_m$,而
$$r_m=\frac{1}{2}(D-d)=\frac{1}{2}(380\text{ mm}-190\text{ mm})=95\text{ mm}$$
则 $M_R=5\ 100\text{ N}\cdot 0.095\text{ m}\cdot 1=484.5\text{ N}\cdot\text{m}$

12

a) 超过允许转矩时,安全离合器会自动分离两轴。

b)
- 剪销式安全离合器:这种简单类型的安全离合器通过一个或者多个"剪切销"连接主动轴和被动轴。超过允许转矩时,销自行剪断。销断裂且经过更换后,离合器通常会再正常运转。
- 滑动式离合器:这种离合器通过摩擦片"摩擦接合"传递转矩,通过调节弹簧的张紧力可调节所传递的转矩。超过允许转矩时离合器打滑。

13

NC车床上的安全离合器通过测量系统测量主动轴和被动轴之间的转速差。由于超负荷可能出现滞后,识别这种滞后误差时机床断电。

14 a), b)

轴承座和齿轮座的配合参数和传动轴图纸如下:

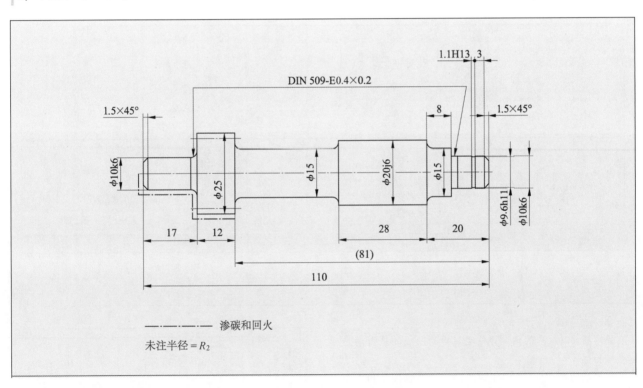

c) 传动轴的配合尺寸表:

名 称	额定尺寸	公差等级	偏差/mm	极限尺寸/mm
轴承座(滚针轴承或向心球轴承)	10	k6	+0.010 +0.001	$G_{ow}=10.010$ $G_{uw}=10.001$
齿轮座	20	j6	+0.009 -0.004	$G_{ow}=20.009$ $G_{uw}=19.996$

d) 滚针轴承座上的传动轴表面要进行淬火硬化处理。因为传动轴的其他零件无需淬火,根据适合的原料选择渗碳淬火。在图纸上用宽的点划线表示,点划线在工件外平行于要加工的表面。此外,必须注明要达到的硬度(比如 60+3HRC)。

15

a) 合金渗碳钢的齿轮组(位置编号 6),比如 18CrMo4。

b) 除了渗碳淬火,也可表面淬火(如火焰淬火)或者渗氮淬火(氮化)。

c)

硬化方法	优 点	缺 点
渗碳淬火	只淬火工件一部分	"渗碳"成本过高
火焰淬火	相对较快	淬火变形,再加工
渗氮淬火	无需加热和急冷	成本过高,渗氮层相对较薄

学习领域11:产品和工序的质量监督

指导项目:角传动器的车削件

简答题

1
质量:产品特性满足产品要求的程度。

2
数量特性:可计数性,如孔的数量、件数或者可测量性(测量值),如长度、位置、质量。

3
质量特征:分级性,如浅蓝—蓝—深蓝;或者标准性,如好—坏、白—黑。
车削件有可测量性(数量特性),如直径和长度、表面光洁度和角度参数。

关键缺陷:导致严重后果的缺陷,如产品掉下造成人身伤害。
车削件的关键缺陷:使用不合适的材料,导致车削件断裂。变速器安装在升降驱动装置中时,锥齿轮传动掉落并造成人身伤害。

主要缺陷:造成产品严重损坏或者大大降低产品可用性的缺陷。
加工50°凹槽时没有修圆,车削件在该位置上断裂,属于严重降低产品可用性的缺陷。

次要缺陷:对产品使用或运行没有实质性影响的缺陷。
车削件的次要缺陷:半径R_1被加工成倒角$1.5 \times 45°$。该缺陷对车削件的使用不会造成实质性影响。

4
鱼骨图如下:

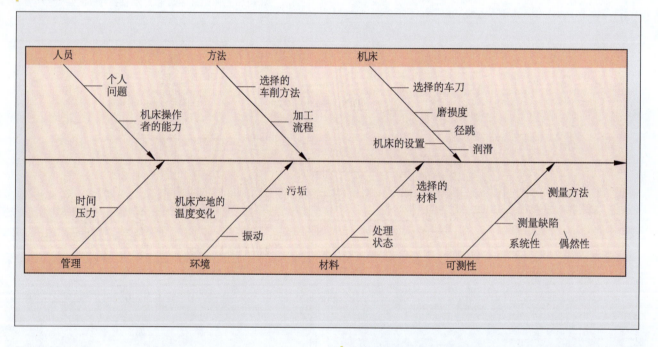

5
产品审核:以客户的角度评估经过检测的成品是否满足质量特性。
车削件的质量特性:图纸上要求的尺寸及其偏差和表面光洁度。

6
质量评定小组:企业内部解决问题的小组。该小组成员共同制定解决问题的方法。
比如该车削件,为了防止主要缺陷"车削件在50°凹槽上断裂"再次发生,决定过渡至直径17时加工$R0.8$。

7
a) 十进制规则:发现并解决缺陷越迟,消除缺陷的成本越高。每个阶段成本上升10倍。

b) 加工或使用车削件时,缺陷成本会上升,如右图所示。

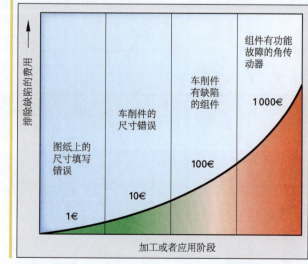

参考答案

8 质量工具：用于识别及分析错误的图表辅助工具。工序、流程、相互关联和比较以图表的形式显示。

属于质量工具的有：生产流程图、帕累托分析、鱼骨图、曲线图、树形图、直方图、散点图、矩形图等。

9 故障模式和影响分析（FMEA）旨在规划期间认识并避免缺陷，将实践经验运用到未来的规划中。

10

检测计划				文档号：	Q-443895-8/08
				页：	1/1
识别号：	275			图纸号	77A8596
名称：	车削件			检测计划号：	10
序号	检测标志	检测工具	检测范围	检测方法	检测时间	检测文件
1	直径	数显游标卡尺	$n=5$	1/V	2h	控制图
2						
3						
4						
5						
6						
7						
8						
9						

检测方法：
1 = 机床操作者自行检测
2 = 通过质量保证检测
3 = 通过测量室检测
4 = 通过实验室检测

V 表示变量（定量）
A 表示属性（定性）
n 表示从所有工件中抽取的零件数（抽样）

创建人：
日期：
认可人：
更改状态：
分配人：

11 a)

制作计数线统计表需计算分级数量 k、偏差范围 R 和分级间隔 w。

$k = \sqrt{n} = \sqrt{40} = 6.33 \approx 6$

$R = x_{\max} - x_{\min} = 18.999 \text{ mm} - 18.922 \text{ mm} = 0.077 \text{ mm}$

$w = \dfrac{R}{k} = \dfrac{0.077 \text{ mm}}{6} = 0.01283 \text{ mm} \approx 0.013 \text{ mm}$

将直径的偏差范围从开始的 $D = 19.000$ mm 以 0.013 mm 间隔划分为 6 个区间。将原始值归入 6 个区间并用竖线（|）在技术统计表中标注其频率。

分级号	直径/mm		计数线统计表	n_j	$h_j/\%$	$F_j/\%$
	≥	<				
1	18.922	18.935	|	1	2.5	2.5
2	18.935	18.948	||||| |	6	15	17.5
3	18.948	18.961	||||| |||||	10	25	42.5
4	18.961	18.974	||||| ||||| |||	13	32.5	75
5	18.974	18.987	||||| |||	8	20	95
6	18.987	19.000	||	2	5	100
	∑			40		100

n_j 为绝对频率；h_j 为相对频率；F_j 为累计频率

b) 通过线条数量计算绝对频率 n_j。

相对频率 h_j 通过公式 $h_j = \dfrac{n_j}{m} \cdot 100\%$ 计算得出。

例如，$n_j = 1$，则 $h_j = \dfrac{1}{40} \cdot 100\% = 2.5\%$。

频率总数 F_j 通过相对频率 h_j 相加得出。

12

相对频率的直方图如下图所示。

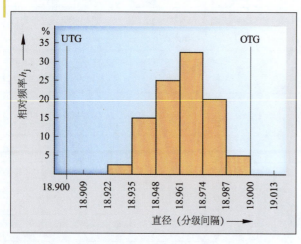

尺寸参数：

$\phi 19 - 0.1 \rightarrow OTG = 19.000$ mm
$UTG = 18.900$ mm

13

根据直方图，测量值位于公差上限（OTG），但是没有测量值在公差之外。

14

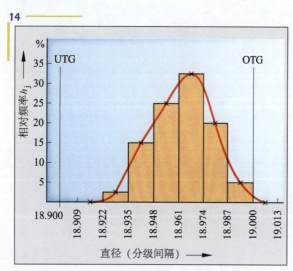

15

$$\overline{x} = \dfrac{x_1 + x_2 + x_3 + \cdots + x_i}{n}$$

$$= \dfrac{18.959 \text{ mm} + 18.967 + 18.939 \text{ mm} + \cdots}{n}$$

$= 18.963\ 33$ mm $\approx 18.963\ 3$ mm

$R = x_{max} - x_{min} = 18.999$ mm $- 18.922$ mm $= 0.077$ mm

$$s = \sqrt{\dfrac{\sum (x_i - \overline{x})^2}{n-1}} = \sqrt{\dfrac{(18.959 - 18.963\ 3)^2 + \cdots}{40 - 1}}$$

$= 0.016\ 356$ mm $\approx 0.016\ 4$ mm

16

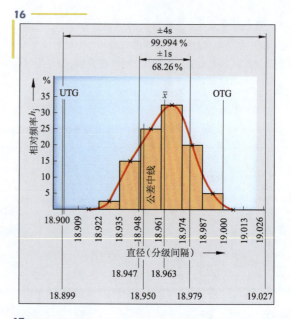

17

频率参数表明了在正态分布中某区间内已加工的零件数量。

$\pm 4s$ 时 99.994% 已加工的零件在范围内。

18

将加工平均值（$\overline{x}$）调整至公差中线。

19

可以在监督下进行批量生产，然后将加工平均值（$\overline{x}$）调整至公差中线。

于是 $\pm 3s$ 时 99.73% 已加工的零件位于公差极限内（UTG 和 OTG）。

20

系统性影响因素：机床变热，刀具磨损，刀具更换。

偶然性影响因素：机床底座振动，电流波动，材料变动。

21

系统性影响因素改变曲线位置（$\overline{x}$：算术平均值）。

偶然性影响因素改变曲线跨度（分散：标准偏差）。

22

必须遵守五个过程影响因素：人员、材料、方法、机床、环境。

23

23.1、23.2

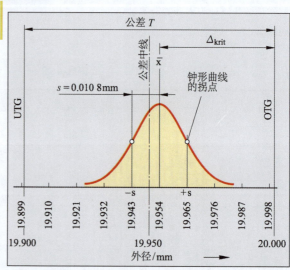

23.3

$$C_{\mathrm{m}} = \frac{T}{6 \cdot s} = \frac{0.1 \text{ mm}}{6 \cdot 0.0108 \text{ mm}} \approx 1.54$$

$$C_{\mathrm{mk}} = \frac{\Delta_{\mathrm{krit}}}{3 \cdot s} = \frac{0.046 \text{ mm}}{3 \cdot 0.0108 \text{ mm}} \approx 1.42$$

23.4

不适用,不满足要求 $C_{\mathrm{m}} \geq 1.67$,$C_{\mathrm{mk}} \geq 1.67$。

24

24.1

有,因为概率曲线中的点位于直线附近。

24.2

$F_{\mathrm{j}} = 50\%$ 时,从概率曲线中可知 $\bar{x} = 39.935$ mm。

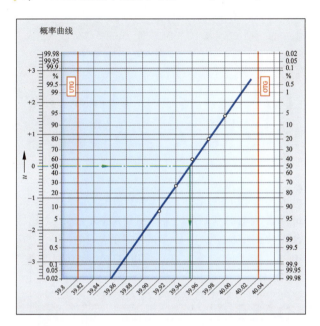

24.3

大约 1% 的零件超过 OTG。有过盈,要再加工。
没有零件的尺寸低于 UTG。无需报废任何零件。

学习领域 12:技术系统的维护

指导项目:用于工件钻孔的翻转式钻模

简答题

1

工件定位并固定于翻转式钻模。钻头通过快换钻套(位置编号 13 和 14)引导。工件无需预先定中心即可准确钻孔。
拉球状手把(位置编号 20)可打开盖板并向左翻转,放入工件。盖板(位置编号 9)再次盖上,通过安全栓(位置编号 19)锁上。工件位于三个支撑销钉(位置编号 10),通过压紧件(位置编号 11)保持在下方。开始钻孔之前,通过两个活塞(位置编号 4)夹紧工件。为了松开活塞,活塞必须加气。

2

a) 通过定位销(位置编号 7)引导盖板。
侧面位置通过圆盘(位置编号 30)定位。

b) 压力弹簧(位置编号 21)的作用:为了保持侧面位置,将盖板(位置编号 9)朝圆盘(位置编号 30)和底座侧板的方向推动,由此保证工件孔距离支承面 35mm。

3

a) 为了定位工件的高度,钻模需要三个支撑销钉。

b) 间隔较大,可使支撑销钉的定位误差产生较小的影响。
定位元件相隔越远,定位精确度越高。

c) 完全确定高度和侧面位置。

4

X 标记的底座孔是压缩空气的接口。

5

加气时,活塞(位置编号 4)松开。放气时,活塞通过压力弹簧(位置编号 5)的作用力固定工件。

6

a) 压力弹簧将活塞压向工件,并使工件压向支撑销钉(位置编号 10),由此将工件定位。

b) 压力弹簧无法顶着压缩空气产生的力推动活塞。

c)
```
                DIN 2098 - 2 × 10 × 55
DIN 号 ─────────┘       │   │   └─
钢丝直径 ─────────────┘   │
平均线圈直径 ───────────┘
无负荷弹簧的长度
```

7

序号	工序/工作步骤	工具/辅具
1	移除定位销(位置编号 7)	楔子、锤子
2	取出圆盘(位置编号 30)和压力弹簧(位置编号 21)	—
3	旋松圆柱头螺钉(位置编号 15)	内六角扳手
4	取出紧固套(位置编号 16)、钻套(位置编号 12)和快换钻套(位置编号 13)	—
5	拧松沉头螺钉(位置编号 28),取出垫板(位置编号 18)	平头螺丝刀
6	移除圆柱销钉(位置编号 24)	楔子、锤子
7	移除压力弹簧(位置编号 25)	—
8	旋松球状手把(位置编号 20)	—
9	拧松两个沉头螺钉(位置编号 28),移除盖子(位置编号 3)	平头螺丝刀
10	取出并拆除两个压力弹簧(位置编号 5)和带圆形垫圈(位置编号 6 和 8)的活塞(位置编号 4)	—
11	拧松沉头螺钉(位置编号 27),取下垫板(位置编号 17)	平头螺丝刀
12	拧松底座的侧板(位置编号 22 和 2)	
13	取下支撑销钉(位置编号 10)	楔子、锤子

8

磨 损 件	
位置编号	名 称
5	压力弹簧
6	圆形垫圈
8	圆形垫圈
11	压紧件
12	钻套
13	快换钻套
14	快换钻套
21	压力弹簧
25	压力弹簧

9
维修翻转式钻模的首要操作：组件检查和进行故障分析。

10
因为翻转式钻模再也无法正常运转，其他工件无法在钻模上钻孔。此时，必须进行故障维修。
优点：
- 充分利用机械组件的使用寿命。
- 如果必须要更换组件，只有必须更换部件时才产生费用。

缺点：
- 维修时间紧迫。
- 备用件的存储费用高。
- 生产损失。

11
a) 强力断裂。
b) 因为负荷过大的力或者过载交变载荷。
c) 选择其他弹簧材料或者能承受较大交变载荷的弹簧。

12
会，断裂的弹簧可能会导致钻孔件加工出现缺陷。
由于弹簧断裂，活塞(位置编号 4)不能正确地压紧工件并定位。工件会被推至支撑销钉。

13
实施故障分析的原因：
- 查明故障原因。
- 避免同种故障再次发生。
- 改善机床。

14
进行简单的目检后作进一步检查，直到查明故障原因。
详细过程如下：
- 通过不使用辅具的目检或者功能检查，确定明显的故障原因。
- 了解故障的影响范围和环境条件。
- 查明材料参数。
- 研究结构。
- 难以判断故障原因时，检查组件的运行负荷。

如图所示：

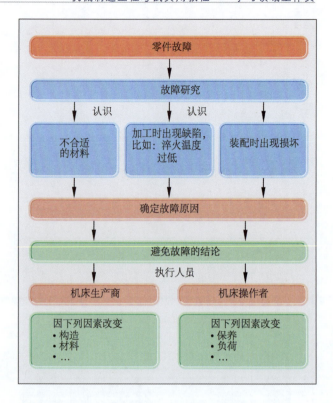

15
a) 钻套用于引导钻具并确定工件孔的位置。
b) 钻套(位置编号 12)属于嵌入式固定钻套。
c) 钻套装入定位孔。
d)

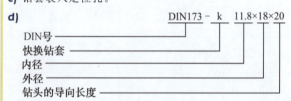

e) 钻具通过开口半径在开口区被引导，这样不会被损坏。
f) 因为要研磨孔 $\phi 12H7$，必须选择较小的孔。

16
a) 渗碳钢的碳含量较低。通过渗碳增加表层的碳含量，使表层硬化。
b) 在释放碳的渗碳剂中通过 880～980℃的高温加热钻套数个小时。由此，碳渗入表层并使其硬化。接着，工件加热至硬化温度。然后急冷，最后退火。
c) $d = \dfrac{d_1 + d_2}{2} = \dfrac{0.15\ \text{mm} + 0.16\ \text{mm}}{2} = 0.155\ \text{mm}$

$F = 10 \cdot 9.81\ \text{N} = 98.1\ \text{N}$

$HV = \dfrac{0.189 \cdot F}{d^2} = \dfrac{0.189 \cdot 98.1}{0.155^2} \approx 771.7$

d) DIN 173-1 规定维氏硬度 780＋80 HV10。
钻套的硬度不在公差范围中。

17
a) 钻套的一侧磨损可能是导致钻孔件加工出现缺陷的原因。由于一侧磨损，钻头在钻套内部会偏向一侧，无法精确钻孔。
b) 可使用硬质合金或者陶瓷制成的钻套，因为它们的损耗较低且耐用度较高。

18
a) C70U：碳含量为 70/100％＝0.7％ 的工具钢。
b) 垫板(位置编号 17)确定钻套的准确位置。垫板由淬火处理后的材料制成,可以经受频繁的冲击而不磨损。

c) 材料加热至 790～810 ℃,然后在油中急冷并退火至 100 ℃。

19

a) 洛氏硬度检验法(HRC),通过金刚石锥体检验。
HRC 硬度检验法(见下图):
- 通过预检验力将金刚石锥体压入试样。千分表回零。
- 随后,施加实际检验力检验锥体。一定作用时间后,卸除检验力。
- 从千分表上直接读出检验压入体压入工件的残余压入深度 h,即洛氏硬度值。

b) 工件表面上的裂痕可以通过下列常用方法进行检测:渗透检测、X 射线检测、磁粉检测。

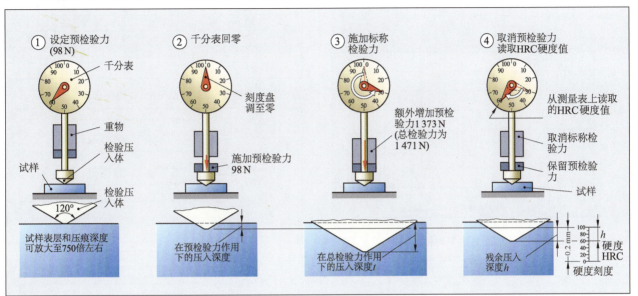

20

a) 活塞运动时,活塞上的垫圈(位置编号 6)密封,即动密封。压缩空气孔上的垫圈(位置编号 29)不动,即静密封。

b) 圆形垫圈由 Shore-A 硬度 70 的腈-丁二烯-橡胶制成。

c) 在气缸孔侧壁上运动时,垫圈会产生摩擦。垫圈密封气压室。由于压缩空气流入,侧板和橡胶垫圈之间可能出现小的灰尘颗粒,导致磨损。

d) 不会。磨损的垫圈不会导致钻孔件加工出现缺陷,因为垫圈与工件的定位无关。

21

a) 帕累托图:柱状图,图中注明缺陷和数量。根据重要性整理缺陷原因。

b) 借助帕累托图可以从众多可能导致钻孔偏差的原因中筛选出影响最大的原因。可直接从图出得知缺陷的重要性。

c) 列出所有缺陷原因。
- 确定导致钻孔缺陷的决定性权重特性(成本,必要的精加工等)。
- 计算出每个缺陷原因在整个影响中占的比重及其百分比。
- 根据重要性以降序的方式整理比重。
- 按顺序总结每个缺陷原因所造成的影响。
- 影响以柱状的形式在图中展示。

22

a) 预防性维护。

b) 通过评估维护报告,能够确定将来出现磨损或故障的时间点。在机床因磨损或故障停机前可以实施预防性维护。

23

从《简明机械手册》中提取 $\phi 12H7$ 的参数:

孔的最大尺寸 $D_H = 12.018$ mm

孔的最小尺寸 $D_M = 12.000$ mm

孔距的最大尺寸 $I_H = 45.03$ mm

孔距的最小尺寸 $I_M = 44.97$ mm

由此可得:

最小尺寸 $a_M = I_M - D_H = 44.97$ mm $- 12.018$ mm $= 32.952$ mm

最大尺寸 $a_H = I_H - D_M = 45.03$ mm $- 12.000$ mm $= 33.030$ mm

24

a) 分级数量:$k = \sqrt{n} = \sqrt{50} = 7.07$

偏差范围:$R = x_{max} - x_{min} = 33.02$ mm $- 32.95$ mm
$= 0.07$ mm

分级间隔:$w = \dfrac{R}{k} = \dfrac{0.07 \text{ mm}}{7} = 0.01$ mm

分级号	分级间隔		测量值数量	n_j	n_j所占百分比/%
	≥	<			
1	32.95	32.96	|	1	2
2	32.96	32.97	|||	3	6
3	32.97	32.98	||||||	6	12
4	32.98	32.99	|||||||||	9	18
5	32.99	33.00	||||||||||||||||	16	32
6	33.00	33.01	||||||||	8	16
7	33.01	33.02	|||||||	7	14
			总数:50		

b) 孔距频率的矩形图：
  分级号1：1/50＝0.02＝2%
  分级号2：3/50＝0.06＝6%
  分级号3：6/50＝0.12＝12%
  分级号4：9/50＝0.18＝18%
  分级号5：16/50＝0.32＝32%
  分级号6：8/50＝0.16＝16%
  分级号7：7/50＝0.14＝14%

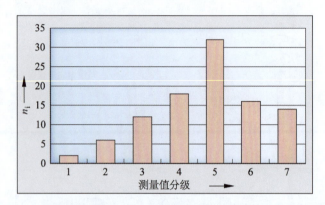

检测时间/min	测量值/mm					$\bar{x}$算术平均值/mm
	x_1	x_2	x_3	x_4	x_5	
1	32.980	33.000	32.990	32.970	33.000	32.988
2	33.000	32.960	32.980	32.990	33.010	32.988
3	32.990	32.980	32.990	33.000	32.970	32.986
4	32.980	32.970	33.000	32.980	32.990	32.984
5	32.990	32.990	32.960	33.010	33.020	32.994
6	33.000	32.980	33.010	32.990	33.020	33.000
7	32.990	33.000	33.020	32.990	32.990	32.998
8	32.990	32.990	32.980	33.010	32.970	32.988
9	32.970	32.990	33.000	32.980	32.990	32.986
10	32.990	32.950	32.960	32.970	32.980	32.970

将 $\bar{x}$ 值填写到 $\bar{x}$-质量控制图中，并用线连接。

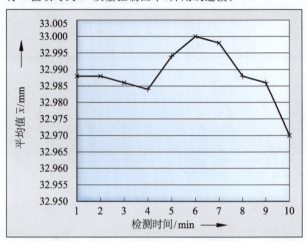

c) 通过下列方程式可计算出算术平均值：
$$\bar{x} = \frac{x_1 + x_2 + x_3 + x_4 + x_5}{5}$$

例如：
$$\overline{x_1} = \frac{32.980 + 33.000 + 32.990 + 32.970 + 33.000}{5} \text{ mm}$$
$$= 32.988 \text{ mm}$$

25
a)

移交/接收记录
设备名称：　　　　翻转式钻模
设备生产商：　　　TerSim Maschinenbau GmbH
设备序号：　　　　2003-120 805030 8
设备产地：　　　　Endfertigung Halle 2, Maschinenplatz 23

检测步骤	检测标准	额定尺寸	检测工具	实际尺寸	标准		备注
					达到	未达到	
1	气缸的功能	—					
2	气管的密封性	—					
3	可转动的安全栓（位置编号19）	—	—	—			
4	可转动的盖板（位置编号9）	—	—	—			
5	安全栓（位置编号19）锁上盖板（位置编号9）	—	—	—			
6	压力弹簧（位置编号21）的功能	—					
8	孔中心在工件中心	35 +/-0.15	游标卡尺				
10	离工件边缘的孔距	27.5 +/-0.1	游标卡尺				

日期：_____ 检测者：_____ 签名：_____
　　　　　　　 客户：_____ 签名：_____

b) 所有加工工件的相关尺寸符合规定。

26
a) 停机期间产生的费用，产量减少产生的费用，无法供应产品产生的费用，仓储费。

b) 应多购置一个翻转式钻模放在仓库。发生故障时，可更换损坏的翻转式钻模，继续生产。

27
a) 在德国，产品责任法规定：产品有缺陷是生产商的责任。

b) 每个可移动的物品（即使是被安装在不可移动的物品

上)和电能均为产品。
c) 如果产品不用于销售,产品的生产商无需负责。
d) 如果将产品转让给他人,便会出现产品流通。产品流通不包括偷窃和侵占。如果将产品转交给他人(比如用于测试),也不属于产品流通。
e) • 估算工作时间和成本。
  • 估算材料及其成本。
  • 机床运作时间和机床成本。
  • 一般管理费用,奖金。

28
a) 维护的直接费用包括直接通过维护所产生的费用。
维护的间接费用包括机床停机或不正常运转所产生的后续费用。
b) 直接费用:如保养费用、检查费用、维修费用、人工费、材料费、储存备件的仓储费。
间接费用:如机床停机时间、减产、无法供应产品产生的费用,成品的仓储费。

29
a) 内部订单:公司内部一个部门给另一个部门的订单。产品不会流出公司。
b) 外部订单:订单来自公司外部。订单完成后,产品离开公司。
c) 内部订单,因为翻转式钻模是为了另一个部门而制造的。

30
大型企业通常由维护部门实施机床或设备生产商的规定,公司内部有关于维护机床或设备的规定。
中型企业通常将维护局限于机床或设备生产商的推荐方案。
小型企业通常不会组织定期的维护,直到发生故障时才采取措施。

学习领域 13:自动化系统运行能力的保障
指导项目:用于圆盘形毛坯件钻孔的电气动控制设备

简答题

1
需要的气动部件较少、反应时间较短、占用面积较小。

2
a)
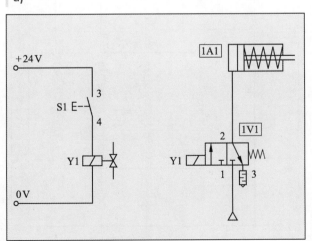

b) 只要按下按钮,气缸就保持伸出状态。

3
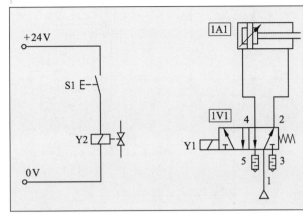

4
接触器可以同时控制多个电路。当其接收到电子信号信息后,电磁铁产生作用。同时,所有触点闭合(常开触点、常闭触点或者转换触点)。

5
a) 滚动控制。
b)
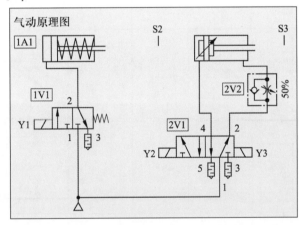

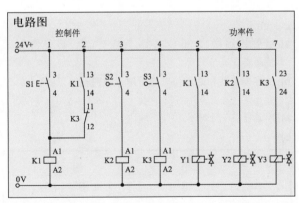

6
路径控制器,因为夹紧气缸的活塞到达前侧终端时,才会执行下一步。

7
a) 或连接。信号元件并联。
b)

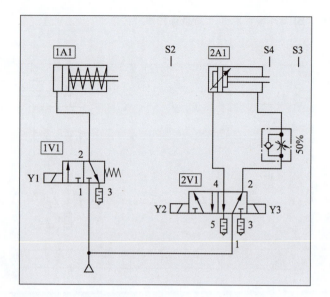

电磁阀 Y1 得电,活塞弹出,按下 S2。
K3 延时打开回路 1。

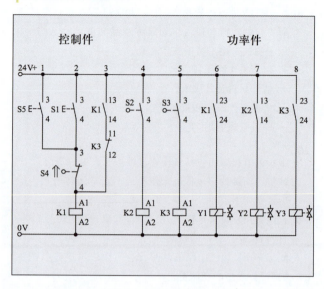

8
按下 S1 时,K1 线圈得电,回路 2 和 3 的触点闭合。
K2 线圈得电后,回路 5 的触点延时闭合。

9

结构元件名称	标记	位置,状态	步骤
单作用气缸	1A1		
双作用气缸	2A1		

10
a) 电容传感器、电感传感器、光学(光电)传感器和磁传感器。
b) 电容传感器和光学传感器适用于识别塑料工件。

11
a) 控制器有三个输入和两个输出。
b)

符号	地址	注释
B3	E124.0	传感器(电容)
S1	E124.1	启动按钮
S2	E124.2	停止按钮
M1	A124.0	电磁阀
P1	A 124.1	警示灯

12

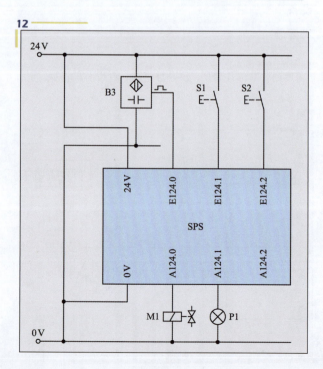

13
从分配表中得知,可编程控制器是如何接线的。
分配表分为几列:第一列是设备标记;第二列是分配目标(地址);第三列可以填写注释。

14
"标志位"作为内存模块使用。作为程序中的运算对象,用于储存信息。

15
a)、b)

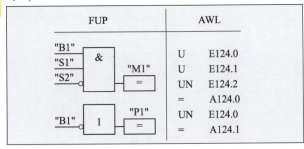

16
a) 只要安装标志位"DB",Q 会产生信号并持续发出信号。如果缺少信号"B3"或按下"S2",持续运行和输出"M1"将被复位。一旦按下"S2",传感器"B3"起作用,警示灯亮。

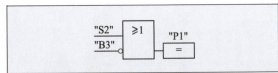

b)

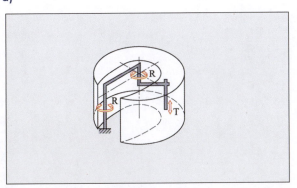

17
a) 水平摆臂式机械手或 SCARA(平面关节型机械手)。
b) 这种结构类型有两个旋转轴和一个平移轴(RRT 运动学)。
c) 通过两个旋转轴可以移动位置,工件通过平移轴可以装入夹具。
d)

18
- 自由度数量作为灵活性的标准。
- 工作空间的大小和形状。
- 净载重或负荷能力作为可控制重量的标准。
- 最大移动速度。
- 重复精确度。
- 定位精确度。
- 控制系统如 PTP、CP 的强度。
- 过度研磨。

19
通常使用带曲杆驱动的气动抓具。如果圆盘较薄且表面较光滑,则使用吸盘抓具。

20
标准接口包括串联接口、并联接口和 USB 接口。

21
a) 技术文档用作定义目标群的信息和指令、生产商的法律责任保护、产品责任、可追溯性、再现性以及相关信息内容的固定或法定要求的存档。
技术文档提供产品信息、产品的使用方法以及用户行为、产品使用寿命各个阶段的信息,从开发到废弃。
b) 根据目标群和使用目的,技术文档包含装配和调试的信息,以及技术产品的特性和常规使用信息。
c) 技术文档包括以下内容:结构和加工资料、责任清单、计算资料、测试报告、关于质量保证措施的建议、使用说明书、使用指引、安全指引。
d) drill:钻头; bolt:销钉; control engineering:控制工程; handling equipment:操作设备; clamping fixtures:夹具。

22

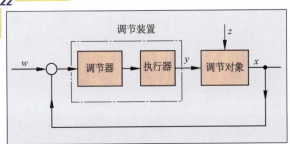

调节器有完整的作用流程(附有反馈,即理论和实际对比),称为调节回路。

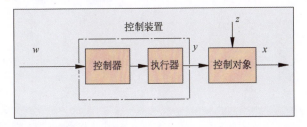

控制器有未完成的作用流程(无反馈),称为控制链。

23
转换器(过渡条件)1B2 激活步骤 2。激活步骤 2 时,气缸 1A 应缩回。

24
识别气缸的终端位置。

25
带常开触点的磁性接近开关,接近磁体时出现反应。

26
在操作的状态下显示。

27
转换器(过渡条件)—S2。

第二部分 结业考试模拟题

结业考试第一部分 模拟题

笔试试题 B 部分

1

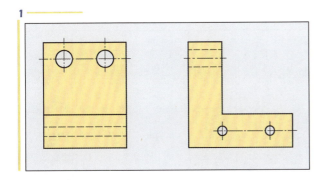

2

$\phi 20f7$。

以下数值出自《简明机械手册》：

$N=20$ mm；$es=-0.020$ mm；$ei=-0.041$ mm

最大尺寸：

$N+es=20.000$ mm-0.020 mm$=19.980$ mm

最小尺寸：

$N+ei=20.000$ mm-0.041 mm$=19.959$ mm

3

在车床的四爪卡盘上装夹底座（位置编号 3），以加工圆形垫圈（位置编号 11）的槽。

4

1. 冷却。
2. 润滑。
3. 防锈。

5

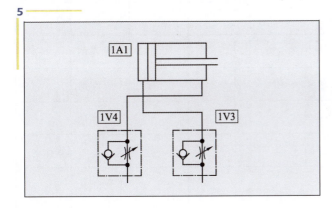

6

由 $p=\dfrac{F_D}{A}$ 得

$F_D = p \cdot A = 0.7 \text{ N/mm}^2 \cdot \dfrac{20^2 \text{ mm}^2 \cdot \pi}{4} \approx 219.9 \text{ N}$

7

a) 由 $p=\dfrac{F_{ZK}}{A}$ 得 $F_{ZK} = p \cdot A$，又

$A = \dfrac{\pi}{4} \cdot (D^2 - d^2)$

$F_{ZK} = p \cdot \dfrac{\pi}{4} \cdot (D^2 - d^2)$

$= 0.7 \text{ N/mm}^2 \cdot \dfrac{\pi}{4} \cdot (20^2 \text{ mm}^2 - 10^2 \text{ mm}^2)$

$\approx 164.93 \text{ N}$

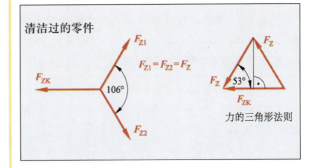

由 $\cos\alpha = \dfrac{F_{ZK}/2}{F_Z}$，得

$F_Z = \dfrac{F_{ZK}}{2 \cdot \cos\alpha} = \dfrac{164.93 \text{ N}}{2 \cdot \cos 53°} = 137.03 \text{ N}$

b) $\sigma = \dfrac{F_Z}{A}$

$\sigma = \dfrac{180 \text{ N}}{2.5 \text{ mm} \cdot 6 \text{ mm}} = 12 \text{ N/mm}^2$

8

标 识	标识的含义	禁令标志	警示标志	指示标志	救援标志	防火标志	危险标志
（眼睛护具图标）	使用眼睛护具			×			
（聚集点图标）	聚集点说明				×		
（禁止手机图标）	无线电波（禁止使用手机）	×					

9

a)
- 表面对比标准样件。
- 桶式探针系统。
- 标准面探针系统。

b)

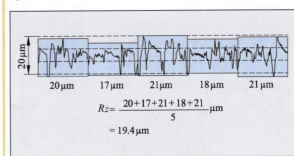

$Rz = \dfrac{20+17+21+18+21}{5} \mu m$

$= 19.4 \mu m$

序号	工作过程/工作步骤	机床/设备	工具	设置参数			操作安全	检测工具
				v_c/(m/min)	f/mm	n/min^{-1}		
1	半成品去毛刺,检查原材料							游标卡尺
2	在铣床上装夹半成品	机用虎钳						
3	尺寸铣至36		平面铣刀 $\phi 50$	275	0.75	1 750	UW 铣削	游标卡尺
4	重新装夹半成品,铣第2面							
5	尺寸铣至36		平面铣刀 $\phi 50$	275	0.75	1 750	UW 铣削	游标卡尺
6	在车床上装夹	四爪卡盘						
7	车端面1		右偏刀	150	0.1	1 050	UW 车削	
8	对中心		中心钻			200	UW 车削	
9	深度预先钻至48+钻头尖		钻头 $\phi 19.5$	60		980	UW 车削	
10	车倒角		右偏刀	150		1 650	UW 车削	
11	铰孔至 $\phi 20H8$		机用铰刀		0.05	200		
12	重新装夹							
13	车端面2		右偏刀	150	0.1	1 650	UW 车削	
14	车倒角		右偏刀	150	0.1	1 650	UW 车削	
15	车端面2,长度车至60		右偏刀	150	0.1	1 650	UW 车削	游标卡尺
16	对中心		中心钻			200	UW 车削	
17	钻气动连接的孔		钻头				UW 车削	
18	攻气动连接的螺纹		丝锥				UW 车削	
19	在立式钻床上装夹气缸	机用虎钳						
20	钻气动连接的孔		钻头				UW 钻孔	
21	攻气动连接的螺纹		丝锥				UW 钻孔	
22	钻4个M4孔		钻头 $\phi 3.2$	20		1 990	W 钻孔	
23	攻4个M4孔的螺纹		丝锥 M4					
24	零件去毛刺							
25	检测块规							

结业考试第二部分　模拟题

委托与功能分析 B 部分

1
(1) 带外齿圈的可塑圆柱形钢制轴套(柔轮)。
(2) 带内齿圈的固定圆柱形外圈(刚轮)。
(3) 带收缩椭圆形球轴承(带薄壁座圈)的椭圆钢轮(波发生器)。

2
两个径向推力球轴承(位置编号 9)的间隙可以通过螺母(位置编号 4)调整。

3
a) O 形配置。
b) 轴向间隙确定时,轴承承载两个方向上的轴向负荷。轴承配置固定。在 O 形配置中可以承载轴承的倾覆力矩。

4
绝对式位移测量装置可以为每一个测距刻度分配一个精确的数值,也能够在发生电力故障之后将每一个数值归入相应的刻度。
增量式位移测量装置的测量刻度大小相同。该测量装置只可以对测距计数。重启后增量式位移测量装置首先启动参考标记。

5
点位控制时机械手从位置编号 1 驶向位置编号 2。保留路径在这里不起作用。
连续轨迹控制时机械手以预先设定的速度和路径从位置编号 1 驶向位置编号 2,以避免与其他机器部件或者工件发生碰撞。

6
a) 当工件长时间处于动态负荷时,会出现疲劳断裂。
b) 通过大的断裂面可以得知,与过载断裂相反,疲劳断裂会出现裂缝、光栅线和过载断裂残留面。

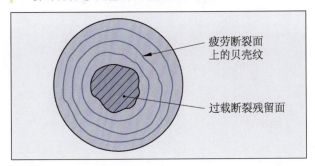

7
(1) 清洁。
(2) 检查油位,必要时要添满油。
(3) 抽空压缩空气处理装置中油水分离器的水。

8
由 $F = p_e \cdot A \cdot \eta$ 和 $A = \dfrac{d^2}{4} \cdot \pi$,得
$$F = p_e \cdot \dfrac{d^2}{4} \cdot \pi \cdot \eta$$

则 $d = \sqrt{\dfrac{F \cdot 4}{p_e \cdot \pi \cdot \eta}} = \sqrt{\dfrac{500 \text{ N} \cdot 4}{0.5 \text{ N/mm}^2 \cdot \pi \cdot 0.88}}$
$\quad = 38.03 \text{ mm}$

加工技术 B 部分

1

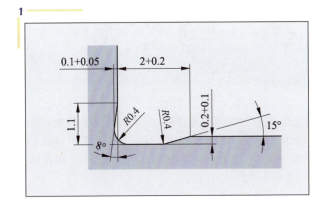

2
$ES = -0.012 \text{ mm}$
$EI = ES - IT = -0.012 \text{ mm} - 0.030 \text{ mm} = -0.042 \text{ mm}$
$G_{oB} = N + ES = 4 \text{ mm} - 0.012 \text{ mm} = 3.988 \text{ mm}$
$G_{uB} = N + EI = 4 \text{ mm} - 0.042 \text{ mm} = 3.958 \text{ mm}$

3
(1) 切削后,通过应力退火方法消除工件内的加工应力。
(2) 加热至淬火温度。
(3) 在水、油、热浴液或者空气中骤冷淬火。
(4) 回火。

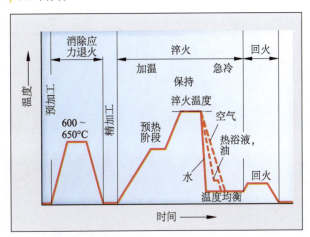

4
$R_m = 1\,000 \sim 1\,200 \text{ N/mm}^2$
$v_c = 40 \sim 80 \text{ m/min},取 v_c = 60 \text{ m/min}$
$f = 0.1 \sim 0.5 \text{ mm},取 f = 0.1 \text{ mm}$
由 $n = \dfrac{v_c}{d_m \cdot \pi}$,得
$n = \dfrac{60\,000 \text{ mm/min}}{12.5 \text{ mm} \cdot \pi} = 1\,528 \text{ min}^{-1}$
$t_h = \dfrac{L+i}{n \cdot f} = \dfrac{(12.5+3)\text{mm}}{1\,528 \text{ min}^{-1} \cdot 0.1 \text{mm}} = 0.10 \text{ min} = 6 \text{ s}$

5

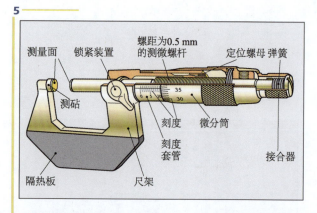

经过研磨的测微螺杆的螺距为 0.5 mm。旋转测微螺杆时测量面的距离增大(缩小)0.5 mm。微分筒的圆周面上有 50 个刻度。当微分筒每转动 1 个刻度时,测微螺杆移动 0.5 mm∶50＝0.01 mm。

6

硬质合金更硬、更耐磨,可以承受较高的工作温度,使用寿命比高速钢长。

提高切削速度可以减少生产时长。

7

通过机床性能试验(MFU)可以检测机床是否可以制造无瑕疵的零件。MFU 是机床加工精度的短时试验。

机床初次运行或者机床和生产设备出现变化前,会进行机床性能试验。

8

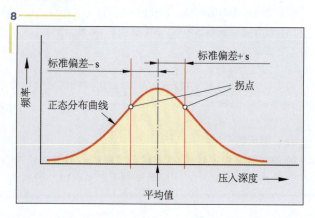

选择题参考答案

第一部分 学习领域工作页

学习领域1：通过手动操作工具加工工件

1	2	3	4	5	6	7	8	9	10	11	12	13	14	15	16	17	18	19	20	21	22.1	22.2
c	b	d	b	b	b	d	d	b	a	e	c	c	d	d	d	c	c	b	a	a	d	c

22.3	23	24	25	26.1	26.2	27
b	c	e	d	d	b	d

学习领域2：使用机床加工工件

1	2	3	4	5	6	7	8.1	8.2	9	10	11	12	13	14	15	16	17	18	19
d	b	a	c	c	d	e	d	c	b	d	a	e	c	e	a	c	a	b	b

学习领域3：简单组件的加工

1	2	3	4	5	6	7	8	9	10	11.1	11.2	12	13	14	15	16	17	18	19	20	21	22
c	c	a	a	d	e	b	d	d	c	a	a	d	c	c	d	b	d	b	e	c	d	e

23	24	25
e	d	e

学习领域4：技术系统的保养

1	2	3	4	5	6	7	8	9	10	11	12	13	14	15	16	17	18	19	20	21	22	23
b	c	e	d	c	d	d	a	b	c	d	b	b	b	a	a	e	a	c	a	c	b	e

24	25	26	27	28	29	30
b	d	d	b	a	c	d

学习领域5：使用机床加工零件

1	2	3	4	5	6	7.1	7.2	7.3	8.1	8.2	9.1	9.2	9.3	10	11	12	13	14	15	16	17
b	c	a	e	c	e	a	d	b	a	b	c	e	b	c	d	b	d	c	d	a	d

学习领域6：技术系统的安装和调试

1	2	3	4	5	6	7	8	9	10	11	12	13	14	15	16	17	18	19	20	21	22
d	a	c	e	d	b	a	c	b	d	a	d	c	c	d	a	b	a	e	d	c	a

学习领域7：技术系统的装配

1	2	3	4	5	6	7	8	9	10	11	12	13	14	15	16.1	16.2	17	18	19	20	21	22
e	c	b	b	b	d	d	c	c	c	e	b	c	c	d	b	c	c	c	d	e	b	a

23	24	25.1	25.2
c	d	b	d

学习领域8：数控机床的加工

1	2	3	4	5	6	7	8	9.1	9.2	10	11	12.1	12.2	13	14	15	16	17	18	19	20	21
d	c	b	c	c	e	b	d	b	d	c	d	b	e	d	e	e	c	c	b	b	d	d

22	23	24	25	26
b	b	c	c	e

学习领域9：技术系统的维修

1	2	3	4	5	6	7	8	9	10	11	12	13	14	15	16	17	18	19	20	21
e	a	c	d	a	b	a	b	e	c	e	c	b	e	c	d	c	a	a	c	d

学习领域10：技术系统的生产和调试

1.1	1.2	2.1	2.2	3.1	3.2	4	5	6	7	8	9	10	11	12	13	14.1	14.2	15	16
a	e	e	c	d	c	a	d	a	d	c	d	d	b	d	e	e	d	d	e

学习领域11：产品和工序的质量监督

1	2	3	4	5	6	7	8	9	10	11	12	13.1	13.2	13.3	13.4	13.5	14	15
e	e	b	d	c	e	b	a	b	d	c	a	a	b	c	e	b	c	e

学习领域12：技术系统的维护

1	2	3	4	5	6.1	6.2	7	8	9	10	11	12	13	14	15	16	17
d	b	e	a	c	c	b	d	e	d	b	e	e	b	c	c	a	b

学习领域13：自动化系统运行能力的保障

1	2	3	4	5	6	7	8	9	10	11	12	13	14	15	16	17	18	19	20	21	22
a	b	c	d	b	b	e	c	a	c	e	d	d	b	c	a	a	b	c	e	a	a

第二部分　结业考试模拟题

结业考试第一部分　模拟题
笔试试题A部分

1	2	3	4	5	6	7	8	9	10	11	12	13	14	15	16	17	18	19	20
①	②	⑤	③	⑤	③	④	③	③	②	④	⑤	③	④	②	①	⑤	⑤	②	④

21	22	23	24	25	26	27	28	29	30	31	32	33	34	35	36	37	38	39	40
②	③	④	③	③	⑤	⑤	②	③	③	④	②	②	①	⑤	②	③	①	③	④

结业考试第二部分　模拟题
委托与功能分析A部分

1	2	3	4	5	6	7	8	9	10	11	12	13	14	15	16	17	18	19	20
③	①	⑤	②	②	④	⑤	③	②	③	①	④	④	④	⑤	②	④	①	⑤	④

21	22	23	24	25	26	27	28
②	①	⑤	①	③	③	②	①

参考答案

加工技术 A 部分

1	2	3	4	5	6	7	8	9	10	11	12	13	14	15	16	17	18	19	20
①	③	③	④	②	④	①	③	⑤	④	③	①	①	⑤	②	②	②	⑤	④	①
21	22	23	24	25	26	27	28												
④	⑤	④	③	①	①	⑤	②												